农作物病虫害绿色防治技术

NONGZUOWU BINGCHONGHAI
LÜSE FANGZHI JISHU

游彩霞　高丁石　等 编著

U0381078

中国农业出版社

北 京

前　言

　　随着农业生产水平的不断提高和现代化生产方式的发展，农作物病虫害的发生越来越严重，已成为制约农业生产的重要因素之一，20世纪80年代以来，利用农药来控制病虫害的技术，已成为夺取农业丰收不可缺少的关键技术措施。由于化学农药防治病虫害可节省劳力，达到增产、高效、低成本的目的，特别是在控制危险性、爆发性病虫害时，农药就更显示出其不可取代的作用和重要性。但近年来化学农药的大量施用，污染了土壤环境，致使农产品中农药残留较多，质量下降，也给人类带来了危害。引领新时代，与农民朋友共筑植保文明梦，解决农业生产技术棚架问题是本书之目的；让人们吃上无残毒、无污染的无公害农产品是编者之使命。

　　农作物病虫害防治和农药的科学使用是一项技术性很强的工作，近年来，我国农药工业发展迅速，许多高效、低毒的新品种、新剂型不断产生，农作物病虫害防治和农药的应用技术也在不断革新，又促使农药不断更新换代。所以说农作物病虫害防治技术也在不断创新和提高。

　　在应用化学农药防治病虫害时，既要考虑选择有效、安全、经济、方便的品种，力求提高防治效果，也要避免产生药害进行无公害生产，还要兼顾对土壤环境的保护，防止对自然资源破坏。当前各地在病虫害防治中，还存在着防病治虫时机不及时、方法不科学、药剂选择不当、用药剂量不准、用药不适时、用药方法不正确、见病见虫就用药等许多问题，造成了费工、费药、污染重、有害生物抗药性迅速增强、对作物危害严重的后果。为了宣传普及农药知识和科学防治农作物病虫害，促使农业科技工作者与广大农民朋友及时了解农作物病虫害科学防治技术，更好地为现代农业生产服务，编者组织编写该书，目的在于发挥好农药在现代农业生产中的积极作用，切实搞好农作物病虫害防治工作，为农业良性循环和可持续发展尽些微薄之力。

本书从介绍农作物病虫害概念、种类、发生危害特点和农药基础知识入手，对农作物病虫害的危害与防治原则以及20多种农作物病虫害的适期防治技术进行了阐述，并较全面地论述了当前各地在病虫害防治工作中存在的问题，同时，结合生产实际提出了解决对策与措施。该书以理论和实践相结合为指导原则，较系统地阐述了农作物病虫害的绿色防控技术以及新化学农药在多种农作物上的科学施用技术。本书深入浅出，通俗易懂，可操作性强。可供广大基层农技人员、农药经营者及农民朋友参考使用。

由于编者水平所限，书中不当之处，敬请读者批评指正。

编　者

2019 年 10 月

目　　录

第一讲　农作物病害

一、农作物病害概述

1. 农作物病害的概念　在一定外界环境条件的影响下，农作物在生长、发育、储藏、运输过程中，受生物或非生物因子的作用，在生理上、形态上偏离了本身固有的由遗传因子控制的正常生理活动，发生了一系列的病理变化，这种变化不是机械的，脱离了它的正常生长发育状态，表现出各种不正常的特征，从而降低了作物及产品对人类的经济价值，这种现象就叫做农作物病害。

对作物病害概念的理解可以从以下 6 个方面去理解：

①病原物的侵染或不利的环境条件所引起的不正常和有害的农作物生理变化过程和症状。

②农作物在生长发育过程中受到生物因子或（和）非生物因子的影响，使正常的新陈代谢过程受到干扰和破坏，导致农作物生长偏离正常轨迹，最终影响到农作物的繁衍和生息等，称为农作物病害。

③农作物在其生命过程中受寄生物侵害或不良环境影响，在生理、细胞和组织结构上发生一系列病理变化的过程，致使外部形态不正常，引起产量降低、品质变劣或生态环境遭到破坏的现象。

④农作物由于致病因素（生物和非生物因素等）的作用，正常的生理和生化功能受到干扰，生长和发育受到影响，因而在生理或组织结构上出现多种病理变化，表现各种不正常状态即病态，甚至死亡，这种现象称为农作物病害。

⑤当农作物生理程序的正常功能发生有害的偏离时，称为农作物病害。

⑥病害是能量利用的生理程序中发生一种或数种有规律的连续过程的改变，以致寄主的能量利用丧失协调。

2. 农作物病害的界定　一般来讲，农作物病害概念的界定可根据以下特点：

①农作物病害是根据农作物外观的异常与正常相对而言的。健康相当于正常，病态相当于异常。

②农作物病害与机械创伤不同。其区别在于农作物病害有一个生理病变过程，而机械创伤往往是瞬间发生。

③农作物病害必须具有经济损失观点。一些没有经济损失的病害不属于病害的范畴。如茭白实际上是黑粉菌侵染而形成的；美丽的郁金香杂色花是病毒侵染所致；韭黄是遮光栽培所致，上述不但没有经济损失，而且提高了经济价值，故不属病害范畴。

二、农作物病害的类型

农作物的病害种类很多，引起农作物病害发生的原因也很多，包括非生物和生物因素在内，统称为病原。通常根据病原生物的种类分为：真菌病害、细菌病害、病毒病害、线虫病害以及寄生性种子植物引致的病害等。根据病原物的传播途径分为：气传病害、土传病害、种传病害、虫传病害等。根据表现的症状类型分为：花叶病、斑点病、溃疡病、腐烂病、枯萎病、疫病、癌肿病等。根据农作物的发病部位分为：根部病害、叶部病害、茎秆病害、花器病害、果实病害等。根据被害农作物的类别分为：大田作物病害、经济作物病害、蔬菜病害、果树病害、观赏植物病害、药用植物病害等。根据病害流行特点分为：单年流行病和积年流行病。根据病原物生活史分为：单循环病害、多循环病害。以上不同的分类方法，都有各自的聚集和交集，但通常根据病原的种类把病害分成非侵染性病害（由非生物引起）和侵染性病害（由生物引起）两大类。通常植物病理学都着重研究后者，但在病害诊断中，首先要区分这两类病原性质完全不同的病害。

（一）非侵染性病害

农作物的非侵染性病害，是由不适宜的环境条件持续作用所引起的，通常不具有病症，不具有传染性，所以也叫做非传染性病害或生理病害。这类病害常见的有：

1. 营养元素缺乏所致的缺素症　植物生长需要 16 种必需的营养元素，其中碳、氢、氧来源于空气和水，其他 13 种矿物质元素氮、磷、钾、硫、钙、镁、硼、铁、铜、锌、锰、钼、氯来源于土壤肥料。通常氮、磷、钾称之为大量营养元素，它们的含量占作物干重的百分之几至百分之几十；钙、硫、镁称之为中量营养元素，这些营养元素占作物干重的千分之几至千分之几十；铁、硼、锰、铜、锌、钼、氯称之为微量营养元素，这 7 种营养元素在植物体内含量极少，只占作物干重的百万分之几至千分之几。16 种作物营养元素都是作物必需的，尽管不同作物体中各种营养元素的含量差别很大，即使同种作物，亦因不同器官、不同年龄、不同环境条件，甚至在一天内的不同时间亦有差异，但必需的营养元素在作物体内不论数量多少都是同等重要的，任何一种营养元素的特殊功能都不能被其他元素所代替。所以，无论哪种元素缺乏都对植物生长造成危害并引起特有的缺素症；同样，某种元素过量也对植物生长造成危害，因为一种元素过量就意味着其他元素短缺。13 中矿质营养元素缺乏与过量引起的生理病害症状如下：

（1）**氮缺乏与过量之症状**　植物缺氮就会失去绿色。植株生长矮小细弱，分枝分蘖少，叶色变淡，呈色泽均一的浅绿或黄绿色，尤其是基部叶片。首先从下部老叶片开始均匀黄化，逐渐扩展到上部叶片，黄叶脱落提早。同时株型也发生改变，瘦小、直立、茎秆细瘦。根量少、细长而色白。侧芽呈休眠状态或枯萎。花和果实少。成熟提早。产量品质下降。

禾本科作物无分蘖或少分蘖，穗小粒少。玉米缺氮下位叶黄化，叶尖枯萎，常呈 V 形向下延展。双子叶植物分枝或侧枝均少。草本的茎基部呈黄色。豆科作物根瘤少，无效根瘤多。

叶菜类蔬菜叶片小而薄，色淡绿或黄色，含水量减少，纤维素增加，丧失柔嫩多汁的特色。结球菜类叶球不充实，商品价值下降。块茎、块根作物的茎、蔓细瘦，薯块小，纤维素含量高，淀粉含量低。

果树幼叶小而薄，色淡，果小皮硬，含糖量相对提高，但产量低，商品品质下降。

除豆科作物外，一般作物都有明显反应，谷类作物中的玉米；蔬菜作物中的叶菜类；果树中的桃、苹果和柑橘等尤为敏感。

根据作物的外部症状可以初步判断作物缺氮及程度，单凭叶色及形态症状容易误诊，可以结合植株和土壤的化学测试做出诊断。

植株氮过量时营养生长旺盛，色浓绿，节间长，腋芽生长旺盛，开花坐果率低，易倒伏，贪青晚熟，对寒冷、干旱和病虫的抗逆性差。

氮过量时往往伴随缺钾和（或）缺磷现象发生，造成营养生长旺盛，植株高大细长，节间长，叶片柔软，腋芽生长旺盛，开花少，坐果率低，果实膨大慢，易落花、落果。禾本科作物秕粒多，易倒伏，贪青晚熟；块根和块茎作物地上部旺长，地下部小而少。过量的氮与碳水化合物形成蛋白质，剩下少量碳水化合物用作构成细胞壁的原料，细胞壁变薄，所以植株对寒冷、干旱和病虫的抗逆性差，果实保鲜期短，果肉组织疏松，易遭受碰压损伤。可用补施钾肥以及磷肥来纠正氮过量症状。有时氮过量也会出现其他营养元素的缺乏症。

（2）磷缺乏与过量之症状 植物缺磷时，植株生长缓慢、矮小、苍老，茎细直立，分枝或分蘖较少，叶小。呈暗绿或灰绿色而无光泽，茎叶常因积累花青苷而带紫红色。根系发育差，易老化。由于磷易从较老组织运输到幼嫩组织中再利用，故症状从较老叶片开始向上扩展。缺磷植物的果实和种子少而小，成熟延迟，产量和品质降低。轻度缺磷外表形态不易表现。不同作物症状表现有所差异。十字花科作物、豆科作物、茄科作物及甜菜等是对磷极为敏感的作物。其中油菜、番茄常作为缺磷指示作物。玉米、芝麻属中等需磷作物，在严重缺磷时，也表现出明显症状。小麦、棉花、果树对缺磷的反应不甚敏感。

十字花科芸薹属的油菜在子叶期可出现缺磷症状。叶小，色深，背面紫红色，真叶迟出，直挺竖立，随后上部叶片呈暗绿色，基部叶片暗紫色，尤以叶柄及叶脉最为明显，有时叶缘或叶脉间出现斑点或斑块。分枝节位高，分枝少而细瘦，荚少粒小。生育期延迟。白菜、甘蓝缺磷时也出现老叶发红、发紫。

缺磷大豆开花后，叶片出现棕色斑点，种子小。严重时茎和叶均呈暗红色，根瘤发育差。茄科植物中，番茄幼苗缺磷生长停滞，叶背紫红色，成叶呈灰绿色，蕾花易脱落，后期出现卷叶。根菜类叶部症状少，但根肥大不良。洋葱移栽后，幼苗发根不良，容易发僵。马铃薯缺磷植株矮小、僵直、暗绿，叶片上卷。

甜菜缺磷植株矮小，暗绿。老叶边缘黄或红褐色焦枯。藜科植物菠菜缺磷也植株矮小，老叶呈红褐色。

禾本科作物缺磷植株明显瘦小，叶片紫红色，不分蘖或少分蘖，叶片直挺。不仅每穗粒数减少，且籽粒不饱满，穗上部常形成空瘪粒。

缺磷棉花叶色暗绿，蕾、铃易脱落，严重时下部叶片出现紫红色斑块，棉铃开裂，吐絮不良，籽指低。

果树缺磷整枝发育不良，老叶黄化，落果严重，含酸量高，品质降低。

磷过量植株叶片肥厚密集，叶色浓绿，植株矮小，节间过短，营养生长受抑制，繁殖器官加速成熟，导致营养体小，地上部生长受抑制而根系非常发达，根量多而短粗。谷类作物无效分蘖和瘪粒增加；叶菜纤维素含量增加；烟草的燃烧性等品质下降。磷过量常导致缺锌、锰等元素。

（3）钾缺乏之症状　农作物缺钾时纤维素等细胞壁组成物质减少，厚壁细胞木质化程度也较低，因而影响茎的强度，易倒伏。蛋白质合成受阻。氮代谢的正常进行被破坏，常引起腐胺积累，使叶片出现坏死斑点。因为钾在植株体中容易被再利用，所以症状首先从较老叶片上出现，一般表现为最初老叶叶尖及叶缘发黄，以后黄化部逐步向内伸展，同时叶缘变褐、焦枯、似灼烧，叶片出现褐斑，病变部与正常部界限比较清楚，尤其是供氮丰富时，健康部分绿色深浓，病部赤褐焦枯，反差明显。严重时叶肉坏死、脱落。根系少而短，活力低、早衰。

双子叶植物叶片脉间缺绿，且沿叶缘逐渐出现坏死组织，渐呈烧焦状。单子叶植物叶片叶尖先萎蔫，渐呈坏死烧焦状。叶片因各部位生长不均匀而出现皱缩。植物生长受到抑制。

玉米发芽后几个星期即可出现症状，下位叶尖和叶缘黄化，不久变褐，老叶逐渐枯萎，再累及中上部叶，节间缩短，常出现因叶片长宽度变化不大而节间缩短所致比例失调的异常植株。生育延迟，果穗变小，穗顶变细不着粒或籽粒不饱满、淀粉含量降低，穗端易感染病菌。

大豆容易缺钾，5～6片真叶时即可出现症状。中下位叶缘失绿变黄，呈"金镶边"状。老叶脉间组织突出、皱缩不平，边缘反卷，有时叶柄变棕褐色。荚稀不饱满，瘪荚瘪粒多。蚕豆叶色蓝绿，叶尖及叶缘棕色，叶片卷曲下垂，与茎成钝角，最后焦枯、坏死，根系早衰。

油菜缺钾苗期叶缘出现灰白或白色小斑。开春后生长加速，叶缘及叶脉间开始失绿并有褐色斑块或白色干枯组织，严重时叶缘焦枯、凋萎，叶肉呈烧灼状，有的茎秆出现褐色条纹，秆壁变薄且脆，遇风雨植株常折断，着生荚果稀少，角果发育不良。

烟草缺钾症状大约在生长中后期发生，老叶叶尖变黄及向叶缘发展，叶片向下弯曲，严重时变成褐色，干枯期坏死脱落。抗病力降低。成熟时落黄不一致。

马铃薯缺钾生长缓慢，节间短，叶面粗糙、皱缩，向下卷曲，小叶排列紧密，与叶柄形成夹角小，叶尖及叶缘开始呈暗绿色，随后变为黄棕色，并渐向全叶扩展。老叶青铜色，干枯脱落，切开块茎时，内部常有灰蓝色晕圈。

蔬菜作物一般在生育后期表现为老叶边缘失绿，出现黄白色斑，变褐、焦枯，并逐渐向上位叶扩展，老叶依次脱落。

甘蓝、白菜、花椰菜易出现老叶边缘焦枯卷曲，严重时，叶片出现白斑，萎蔫枯死。缺钾症状尤以结球期明显。甘蓝叶球不充实，球小而松。花椰菜花球发育不良，品质差。

黄瓜、番茄缺钾症状表现为下位叶叶尖及叶缘发黄，渐向脉间叶肉扩展，易萎蔫，提早脱落，黄瓜果实发育不良，常呈头大蒂细的棒槌形。番茄果实成熟不良、落果、果皮破裂，着色不匀，杂色斑驳、肩部常绿色不褪。果肉萎缩，汁少，称绿背病。

果树中，柑橘轻度缺钾仅表现果形稍小，其他症状不明显，对品质影响不大。严重时叶片皱缩，蓝绿色，边缘发黄，新生枝伸长不良，全株生长衰弱。

总之，马铃薯、甜菜、玉米、大豆、烟草、桃、甘蓝和花椰菜对缺钾反应敏感。

（4）**硫缺乏之症状**　缺硫植物生长受阻，尤其是营养生长，症状类似缺氮。植株矮小，分枝、分蘖减少，全株体色褪淡，呈浅绿色或黄绿色。叶片失绿或黄化，褪绿均匀，幼叶较老叶明显，叶小而薄，向上卷曲，变硬，易碎，提早脱落。茎生长受阻，株矮、僵直。梢木栓化。生长期延迟。缺硫症状常表现在幼嫩部位，这是因为植物体内硫的移动性较小，不易被再利用。不同作物缺硫症状有所差异。

禾谷类作物植株直立，分蘖少，茎瘦，幼叶淡绿色或黄绿色。水稻插秧后返青延迟，全株显著黄化，新老叶无显著区别（与缺氮相似），不分蘖，叶尖有水渍状圆形褐斑，随后焦枯。大麦幼叶失绿较老叶明显，严重时叶片出现褐色斑点。

卷心菜、油菜等十字花科作物缺硫时最初会在叶片背面出现淡红色。卷心菜随着缺硫加剧，叶片正反面都发红发紫、杯状叶反折过来，叶片正面凹凸不平。油菜幼叶淡绿色，逐渐出现紫红色斑块，叶缘向上卷曲成杯状，茎秆细矮并趋向木质化，花、荚色淡，角果尖端干瘪。

大豆生育前期新叶失绿，后期老叶黄化，出现棕色斑点。根细长，植株瘦弱，根瘤发育不良。烟草整个植株呈淡绿色，老叶焦枯，叶尖向下卷曲，叶面出现突起泡点。

马铃薯植株黄化，生长缓慢，但叶片并不提早干枯脱落，严重时叶片出现褐色斑块。

茶树幼苗发黄，称茶黄，叶片质地变硬。果树新生叶失绿黄化，严重时枯梢，果实小而畸形，色淡、皮厚、汁少。柑橘类还出现汁囊胶质化，橘瓣硬化。

敏感作物为十字花科，如油菜等，其次为豆科、烟草和棉花。禾本科需硫较少。作物缺硫的一般症状为整个植株褪淡、黄化、色泽均匀，极易与缺氮症状混淆。但大多数作物缺硫，新叶比老叶重，不易枯干，发育延迟。而缺氮则老叶比新叶重，容易干枯、早熟。

（5）钙缺乏之症状　钙在植物体内易形成不溶性钙盐沉淀而固定，所以它是不能移动和再度被利用的。缺钙造成顶芽和根系顶端不发育，呈"断脖"症状，幼叶失绿、变形、出现弯钩状。严重时生长点坏死，叶尖和生长点呈果胶状。缺钙时根常常变黑腐烂。一般果实和储藏器官供钙极差。水果和蔬菜常由储藏组织变形判断缺钙。

禾谷类作物幼叶卷曲、干枯，功能叶的叶间及叶缘黄萎。植株未老先衰。结实少，秕粒多。小麦根尖分泌球状的透明黏液。玉米叶缘出现白色斑纹，常出现锯齿状不规则横向开裂，顶部叶片卷筒下弯呈"弓"状，相邻叶片常粘连，不能正常伸展。

豆科作物新叶不伸展，老叶出现灰白色斑点。叶脉棕色，叶柄柔软下垂。大豆根暗褐色、脆弱，呈黏稠状，叶柄与叶片交接处呈暗褐色，严重时茎顶卷曲呈钩状枯死。花生在老叶反面出现斑痕，随后叶片正反面均发生棕色枯死斑块，空荚多。蚕豆荚畸形、萎缩并变黑。豌豆幼叶及花梗枯萎，卷须萎缩。

烟草植株矮化，色深绿，严重时顶芽死亡，下部叶片增厚，出现红棕色枯死斑点，甚至顶部枯死，雌蕊显著突出。

棉花生长点受抑，呈弯钩状。严重时上部叶片及部分老叶叶柄下垂并溃烂。

马铃薯根部易坏死，块茎小，有畸形成串小块茎，块茎表面及内部维管束细胞常坏死。多种蔬菜因缺钙发生腐烂病，如番茄脐腐病，最初果顶脐部附近果肉出现水渍状坏死，但果皮完好，以后病部组织崩溃，继而黑化、干缩、下陷，一般不落果，无病部分仍继续发育，并可着色，此病常在幼果膨大期发生，越过此期一般不再发生。甜椒也有类似症状。大白菜和甘蓝的缘腐病叶球内叶片边缘由水渍状变为果浆色，继而褐化坏死、腐烂，干燥时似豆腐皮状，极脆，又名干烧心、干边、内部顶烧症等，病株外观无特殊症状，纵剖叶球时在剖面的中上部出现棕褐色弧形层状带，叶球最外第1～3叶和中心稚叶一般不发病。胡萝卜缺钙根部出现裂隙。莴苣顶端出现灼伤。西瓜、黄瓜和芹菜的顶端生长点坏死、腐烂。香瓜容易发生发酵果，整个瓜软腐，按压时出现泡沫。

苹果果实出现苦陷病，又名苦痘病，病果发育不良，表面出现下陷斑点，先见于果顶，果肉组织变软、干枯，有苦味，此病在采收前即可出现，但以储藏期发生为多。缺钙还引起苹果水心病，果肉组织呈半透明水渍状，先出现在果肉维管束周围，向外呈放射状扩展，病变组织质地松软，有异味，病果采收后在储藏期间病变继续发展，最终果肉细胞间隙充满汁液而导致内部腐烂。梨缺钙极易早衰，果皮出现枯斑，果心发黄，甚至果肉坏死，果实品质低劣。

苜蓿对钙最敏感，常作为缺钙指示作物，需钙量多的作物有紫花苜蓿、芦笋、菜豆、豌豆、大豆、向日葵、草木樨、花生、番茄、芹菜、大白菜、花椰菜等作物。其次为烟草、番茄、大白菜、结球甘蓝、玉米、大麦、小麦、甜菜、马铃薯、苹果。而谷类作物、桃树、菠萝等需钙较少。

（6）镁缺乏之症状　镁是活动性元素，在植株中移动性很好，植物组织中全镁量的70%是可移动的，并与无机阴离子和苹果酸盐、柠檬酸盐等有机阴离子相结合。所以一般缺镁症状首先出现在低位衰老叶片上，共同症状是下位叶叶肉为黄色、青铜色或红色，但叶脉仍呈绿色。进一步发展，整个叶片组织淡黄，然后变褐，直至最终坏死。大多发生在生育中后期，尤其以种子形成后多见。

马铃薯、番茄和糖用甜菜是对缺镁较为敏感的作物。菠萝、香蕉、柑橘、葡萄、柿子、苹果、牧草、玉米、油棕榈、棉花、柑橘、烟草、可可、油橄榄、橡胶等也容易缺镁。

禾谷类作物早期叶片脉间褪绿出现黄绿相间的条纹花叶，严重时呈淡黄色或黄白色。麦类为中下位叶脉间失绿，残留绿斑相连成串呈念珠状（对光观察时明显），为缺镁的特异症状，尤以小麦为典型。水稻亦为黄绿相间条纹叶，叶狭而薄，黄化从前端逐步向后端扩展。边缘呈黄红色，稍内卷，叶身从叶枕处下垂沾水，严重时，褪绿部分坏死干枯，拔节期后症状减轻。玉米先是条纹花叶，后叶缘出现显著紫红色。

大豆缺镁症状由第一对真叶即可呈现，成株后，中下部叶整个叶片先褪淡，之后呈橘黄或橙红色，但叶脉保持绿色，花纹清晰，脉间叶肉常微凸而使叶片起皱。花生老叶边缘失绿，向中脉逐渐扩展，随后叶缘部分呈橘红色。苜蓿叶缘出现失绿斑点，而后叶缘及叶尖失绿，最后变为褐红色。三叶草首先是老叶脉间失绿，叶缘为绿色，以后叶缘变褐色或红褐色。

棉花老叶脉间失绿，网状脉纹清晰，以后出现紫色斑块甚至全叶变红，叶脉保持绿色，呈红叶绿脉状，下部叶片提早脱落。

油菜从子叶起出现紫红色斑块，中后期老叶脉间失绿，显示出橙、红、紫等各种色彩的大理石花纹，落叶提早。

马铃薯老叶的叶尖、叶缘及脉间褪绿，并向中心扩展，后期下部叶片变脆、增厚。严重时植株矮小，失绿叶片变棕色而坏死、脱落，块根生长受抑制。

烟草下部叶的叶尖、叶缘及脉间失绿，茎细弱，叶柄下垂，严重时下部叶趋于白色，少数叶片干枯或产生坏死斑块。甘蔗在老叶上首先出现脉间失绿斑点，再变为棕褐色，随后这些斑点再结合为大块锈斑，茎秆细长。

蔬菜作物一般为下部叶片出现黄化。莴苣、甜菜、萝卜等通常都在脉间出现显著黄斑，并呈不均匀分布，但叶脉组织仍保持绿色。芹菜首先在叶缘或叶尖出现黄斑，进一步坏死。番茄下位叶脉间出现失绿黄斑，叶缘变为橙、赤、紫等各种色彩，色素和缺绿在叶中呈不均匀分布，果实亦由红色褪成淡橙色，果肉黏性减少。

苹果叶片脉间呈现淡绿斑或灰绿斑，常扩散到叶缘，并迅速变为黄褐色转暗褐色，随后叶脉间和叶缘坏死，叶片脱落，顶部呈莲座状叶丛，叶片薄而色淡，严重时果实不能正常成熟，果小着色不良，风味差。柑橘中下部叶片脉间失绿，呈斑块状黄化，随之转黄红色，提早脱落，结实多的树常重发，即使在同一树上，也因枝梢而异，结实多的症重，结实少的轻或无症，通常无核少核品种比多核品种症状轻。梨树老叶脉间显出紫褐色至黑褐色的长方形斑块，新梢叶片出现坏死斑点，叶缘仍为绿色，严重时从新梢基部开始，叶片逐步向上脱落。葡萄的较老叶片脉间先呈黄色，后变红褐色，叶脉绿色，色界极为清晰，最后斑块坏死，叶片脱落。

（7）硼缺乏与过量之症状　硼不易从衰老组织向活跃生长组织移动，最先出现缺硼的是顶芽停止生长。缺硼植物受影响最大的是代谢旺盛的细胞和组织。硼不足时，根端、茎端生长停止，严重时生长点坏死，侧芽、侧根萌发生长，枝叶丛生。叶片增厚变脆、皱缩歪扭、褪绿萎蔫，叶柄及枝条增粗变短、开裂、木栓化，或出现水渍状斑点或环节状突起。茎基膨大。肉质根内部出现褐色坏死、开裂。花粉畸形，花、蕾易脱落，受精不正常，果实种子不充实。

甘蓝型油菜缺硼时花而不实。植株颜色淡绿，叶柄下垂不挺，下部叶片边缘出现紫红色斑块，叶面粗糙、皱缩、倒卷，枝条生长缓慢，节间缩短，甚至主茎萎缩。茎、根肿大，纵裂，褐色。花簇生，花柄下垂不挺，大多数因不能授粉而脱落，花期延长。已授粉的荚果短小，果皮厚，种子小。

棉花缺硼蕾而不花。叶柄呈浸润状暗绿色环状或带状条纹、顶芽生长缓慢或枯死、腋芽大量发生，在棉株顶端形成莲座效应（大田少见）。植株矮化。蕾而不花，蕾铃裂碎，花蕾易脱落。老叶叶片厚，叶脉突起，新叶小，叶色淡绿，皱缩，向小卷曲、直至霜冻都呈绿色、难落叶。

　　大豆幼苗期症状表现为顶芽下卷，甚至枯萎死亡，腋芽抽发。成株矮缩，叶片脉间失绿，叶尖下弯，老叶粗糙增厚，主根尖端死亡，侧根多而短、僵直，根瘤发育不良。开花不正常，脱落多，荚少，多畸形。三叶草植株矮小，茎生长点受抑，叶片丛生，呈簇形，多数叶片小而厚、畸形、皱缩，表面有突起，叶色浓绿，叶尖下卷，叶柄短粗，有的叶片发黄，叶柄和叶脉变红，继而全叶呈紫色，叶缘为黄色，形成明显的金边叶。病株现蕾开花少，严重的种子无收。

　　块根作物与块茎作物中，甜菜幼叶叶柄短粗弯曲，内部暗黑色，中下部叶出现白色网状皱纹，褶皱逐渐加深而破裂，老叶叶脉变黄、变脆，最后全叶黄化死亡，有时叶柄上出现横向裂纹，叶片上出现黏状物，根颈部干燥萎蔫，继而变褐腐烂，向内扩展成中空，称腐心病。甘薯藤蔓顶端生长受阻，节间短，常扭曲，幼叶中脉两侧不对称，叶柄短粗扭曲，老叶黄化，提早脱落，薯块畸形不整齐，表面粗糙，质地坚硬，严重时表面出现瘤状物及黑色凝固的渗出液，薯块内部形成层坏死。马铃薯生长点及分枝简短死亡，节间短，侧芽丛生，老叶粗糙增厚，叶缘卷曲，叶片提早脱落，块茎小而畸形，有的表皮溃烂，内部出现褐色或组织坏死。

　　果树中多数对缺硼敏感。柑橘表现叶片黄化、枯梢，称为黄叶枯梢病，开始时顶端叶片黄化，从叶尖向叶基延展后变褐枯萎，逐渐脱落，形成秃枝并枯梢，老叶变厚、变脆，叶脉变粗，木栓化，表皮爆裂，树势衰弱，坐果稀少，果实内汁囊萎缩发育不良，渣多汁少，果实中心常出现棕褐色胶斑，严重的，果肉几乎消失，果皮增厚、显著皱缩，形小坚硬如石，称石果病。苹果表现为新梢顶端受损，甚至枯死，导致细弱侧枝多量发生，叶变厚，叶柄短粗变脆，叶脉扭曲，落叶严重，并出现枯梢，幼果表面出现水渍状褐斑，随后木栓化，干缩硬化，表皮凹陷不平、龟裂，称缩果病，病果常于成熟前脱落，或以干缩果挂于树上，果实内部出现褐色木栓化，或呈海绵状空洞化，病变部分果肉带苦味。葡萄初期表现为花序附近叶片出现不规则淡黄色斑点，逐渐扩展，直至脱落，新梢细弱，伸长不良，节间短，随后先端枯死，开花结果时症状最明显，特点是红褐色的花冠常不脱落，坐果少或不坐果，果串中有多量未受精的无核小粒果。

需硼量高的作物有苹果、葡萄、柑橘、芦笋、硬花球花椰菜、抱子甘蓝、卷心菜、芹菜、花椰菜、三叶草、芜菁、甘蓝、大白菜、羽衣甘蓝、苜蓿、萝卜、马铃薯、油菜、芝麻、红甜菜、菠菜、向日葵、豆类及豆科绿肥作物等。

硼由缺乏到过量产生毒害幅度较窄，所以施硼肥时要避免过量，硼过量会阻碍植物生长。大多数耕作土壤的含硼量一般达不到毒害程度。施用过量硼肥会造成毒害，因为溶液中硼浓度从短缺到致毒的跨度很窄。高浓度硼积累的部位出现失绿、焦枯坏死症状。叶缘最易积累，所以硼中毒最常见的症状之一是作物叶缘出现规则黄边，称金边菜。老叶中硼积累比新叶多，症状更重。

（8）铁缺乏与过量之症状　铁离子在植物体中是最为固定的元素之一，通常呈高分子化合物存在，流动性很小，老叶片中的铁不能向新生组织转移，因此，缺铁首先出现在植物幼叶上。缺铁植物叶片失绿黄白化，心叶常白化，称"失绿症"。初期脉间退色而叶脉仍绿，叶脉颜色深于叶肉，色界清晰，严重时叶片变黄，甚至变白。双子叶植物形成网纹花叶，单子叶植物形成黄绿相间条纹花叶。不同作物症状如下：

果树等木本树种容易缺铁。新梢叶片失绿黄白化，称黄叶病，失绿程度依次由下向上加重，夏、秋梢发病多于春梢，病叶多呈清晰的网目状花叶，又称黄化花叶病。通常不发生褐斑、穿孔、皱缩等。严重黄白化的，叶缘亦可烧灼、干枯、提早脱落，形成枯梢或秃枝。如果这种情况几经反复，可以导致整株衰亡。

花卉观赏作物也容易缺铁。网状花纹清晰，色泽清丽，可增添几分观赏价值。一品红缺铁，植株矮小，枝条丛生，顶部叶片黄化或变白。月季花缺铁，顶部幼叶黄白化，严重时生长点及幼叶枯焦。菊花严重缺铁失绿时，上部叶片多呈棕色，植株可能部分死亡。

豆科作物如大豆最易缺铁，因为铁是豆血红素和固氮酶的成分。缺铁使根瘤菌的固氮作用减弱，植株生长矮小。缺铁时上部叶片脉间黄化，叶脉仍保持绿色，并有轻度卷曲，严重时全部新叶失绿呈黄白色，极端缺乏时，叶缘附近出现许多褐色斑点，进而坏死。

禾谷类作物水稻、麦类及玉米等缺铁，叶片脉间失绿，呈条纹花叶，越近心叶症状越重。严重时心叶不出，植株生长不良，矮缩，生育延迟，有的甚至不能抽穗。

果菜类及叶菜类蔬菜缺铁，顶芽及新叶黄白化，仅沿叶脉残留绿色，叶片变薄，一般无褐变、坏死现象。番茄叶片基部还出现灰黄色斑点。

木本植物比草本植物对缺铁敏感。果树经济林木中的柑橘、苹果、桃、李、乌桕、桑；行道树种中的樟、枫杨、悬铃木、湿地松；大田作物中的玉米、花生、甜菜；蔬菜中的花椰菜、甘蓝、空心菜（蕹菜）；观赏植物中的绣球花、栀子花、蔷薇花等都是对缺铁敏感或比较敏感的植物。其他敏感型作物有浆果类、柑橘属、蚕豆、亚麻、饲用高粱、梨树、杏、樱桃、山核桃、粒用高粱、葡萄、薄荷、大豆、苏丹草、马铃薯、菠菜、番茄、黄瓜、胡桃等。耐受型作物有水稻、小麦、大麦、谷子、苜蓿、棉花、紫花豌豆、饲用豆科、牧草、燕麦、鸭茅、糖用甜菜等。

在实际诊断中，根据外部症状判别植物缺铁时，由于铁、锰、锌三者容易混淆，需注意鉴别。缺铁和缺锰：缺铁褪绿程度通常较深，黄绿间色界常明显，一般不出现褐斑，而缺锰褪绿程度较浅，且常发生褐斑或褐色条纹。缺铁和缺锌：缺锌一般出现黄斑叶，而缺铁通常全叶黄白化而呈清晰网状花纹。

在实际生产中，铁中毒不多见。但在 pH 低的酸性土壤和强还原性的嫌气条件土壤即水稻土中，三价铁离子被还原为二价亚铁离子，土壤中亚铁过多会使作物发生铁中毒。我国南方酸性渍水稻田常出现亚铁中毒。如果此时土壤供钾不足，植株含钾量低，根系氧化力下降，则对二价亚铁离子的氧化能力削弱，二价亚铁离子容易进入根系积累而致害。因此，铁中毒常与缺钾及其他还原性物质的危害有关。单纯的铁中毒很少。水稻铁中毒，地上部生长受阻，下部老叶叶尖、叶缘脉间出现褐斑，叶色深暗，根部呈灰黑色，易腐烂等。宜对铁中毒的田块施石灰或磷肥、钾肥。旱作土壤一般不发生铁中毒。

（9）**铜缺乏与过量之症状**　植物缺铜一般表现为顶端枯萎，节间缩短，叶尖发白，叶片变窄变薄，扭曲，繁殖器官发育受阻、裂果。不同作物往往出现不同症状。麦类作物病株上位叶黄化，剑叶尤为明显，前端黄白化，质薄，扭曲披垂，坏死，不能展开，称顶端黄化病。老叶在叶舌处弯折，叶尖枯萎，呈螺旋或纸捻状卷曲枯死。叶鞘下部出现灰白色斑点，易感染霉菌性病害，称为白瘟病。轻度缺铜时，抽穗前症状不明显，抽穗后因花器官发育不全，花粉败育，导致穗而不实，又称直穗病。至黄熟期病株保持绿色不褪，田间景观常黄绿斑驳。严重时穗发育不全、畸形、芒退化，并出现发育程度不同、大小不一的麦穗，有的甚至不能伸出叶鞘而枯萎死亡。草本植物的开垦病，又叫垦荒症最早在新开垦地上发现，病株先端发黄或变褐，逐渐凋萎，穗部变形，结实率低。柑橘、苹果和桃等果树的枝枯病或夏季顶枯病。叶片失绿畸形，嫩枝弯曲，树皮上出现胶状水疱状褐色或赤褐色皮疹，逐渐向上蔓延，并在树皮上形成一道道纵沟，且相互交错重叠。雨季时流出黄色或红色的胶状物质。幼叶变成褐色或白色，严重时叶片脱落、枝条枯死。有时果实的皮部也流出胶样物质，形成不规则的褐色斑疹，果实小，易开裂，易脱落。豆科作物新生叶失绿、卷曲、老叶枯萎，易出现坏死斑点，但不失绿。蚕豆缺铜时，花由正常的鲜艳红褐色变为暗淡的漂白色。甜菜、蔬菜中的叶菜类也易发生顶端黄化病。物种之间对缺铜的敏感性差异很大，敏感作物主要是小麦、玉米、菠菜、洋葱、莴苣、番茄、苜蓿和烟草，其次为白菜、甜菜，以及柑橘、苹果和桃等。其中小麦、燕麦是良好的缺铜指示作物。其他对铜反应强烈的作物有大麻、亚麻、水稻、胡萝卜、莴苣、菠菜、苏丹草、李、杏、梨和洋葱。耐受缺铜的作物有菜豆、豌豆、马铃薯、芦笋、黑麦、禾本科牧草、百脉根、大豆、羽扇豆、油菜和松树。黑麦对缺铜土壤有独特的耐受性，在不施铜的情况下，小麦完全绝产，而黑麦却生长健壮。小粒谷物对缺铜的敏感性顺序通常为：小麦＞大麦＞燕麦＞黑麦。在新开垦的酸性有机土上种植的植物最先出现的营养性疾病常是缺铜症，这种状况常被称为垦荒症。许多地区有机土的底土层存在对铜的有效性产生不利影响的泥灰岩、磷酸石灰石或其他石灰性物质等沉积物，致使缺铜现象十分复杂。其余情况下土壤缺铜不普遍。根据作物外部症状进行判断，对新垦泥炭土地区的禾谷类作物开垦病和麦类作物的顶端黄化病及果树的枝枯病均容易识别。

铜过量之中毒症状：铜中毒症状是新叶失绿，老叶坏死，叶柄和叶的背面出现紫红色。新根生长受抑制，伸长受阻而畸形，支根量减少，严重时根尖枯死。铜中毒很像缺铁，由于铜能氧化二价亚铁离子变成三价铁离子，会阻碍植物对二价亚铁离子的吸收和铁在植物体内的转运，导致缺铁而出现叶片黄化。不同作物铜中毒表现不同。水稻插秧后不易成活，即使成活，根也不易下扎，白根露出地表，叶片变黄，生长停滞。麦类作物根系变褐，盘曲不展，生长停滞，常发生萎缩症状，叶片前端扭曲、黄化。豌豆幼苗长至10～20厘米时停止生长，根粗短、无根瘤，根尖呈褐色枯死。萝卜主根生长不良，侧根增多，肉质根呈粗短的榔头形。柑橘叶片失绿，生长受阻，根系短粗，色深。铜毒害现象一般不常见。反复使用含铜杀虫剂（如波尔多液）后可能出现铜过量。

（10）锌缺乏与过量之症状　锌在植物中不能迁移，因此，缺锌症状首先出现在幼嫩叶片上和其他幼嫩植物器官上。许多作物共有的缺锌症状主要是植物叶片褪绿黄白化，叶片失绿，脉间变黄，出现黄斑花叶，叶形显著变小，常发生小叶丛生。称为小叶病、簇叶病等，生长缓慢、叶小、茎节间缩短，甚至节间生长完全停止。缺锌症状因物种和缺锌程度不同而有所差异。

果树缺锌的特异症状是小叶病，以苹果最为典型。其特点是新梢生长失常。极度短缩，形态畸变，腋芽萌生，形成多量细瘦小枝，梢端附近轮生小而硬的花斑叶，密生成簇，故又名簇叶病。簇生程度与树体缺锌程度呈正相关。轻度缺锌，新梢仍能伸长，入夏后可能部分恢复正常。严重时，后期落叶，新梢由上而下枯死。如锌营养未能改善，则次年再度发生。柑橘类缺锌症状出现在新梢上、中部叶片，叶缘和叶脉保持绿色，脉间出现黄斑，深黄色，健康部浓绿色，反差强，形成鲜明的黄斑叶，又称绿肋黄化病。严重时新叶小，前端尖，有时也出现丛生状的小叶，果小皮厚，果肉木质化，汁少，淡而乏味。桃树缺锌，新叶变窄褪绿，逐渐形成斑叶，并发生不同程度皱叶，枝梢短，近顶部节间呈莲座状簇生叶，提前脱落。果实多畸形，很少有实用价值。

玉米缺锌苗期出现白芽症，又称白苗、花白苗，成长后称花叶条纹病、白条干叶病。3～5叶期开始出现症状，幼叶呈淡黄至白色，尤其是从基部到2/3处更明显。轻度缺锌，气温升高时，症状可以渐消退。植株拔节后如继续缺锌，在叶片中肋和叶缘之间出现黄白失绿条斑，形成宽而白化的斑块或条带，叶肉消失，呈半透明状，似白绸或塑膜状，风吹易撕裂。老叶后期病部及叶鞘常出现紫红色或紫褐色，病株节间缩短，株型稍矮化，根系变黑，抽雄吐丝延迟，甚至不能吐丝抽穗，或者抽穗后，果穗发育不良，形成缺粒不满尖的"稀癞"玉米棒。燕麦也发生白苗病，一般是幼叶失绿发白，下部叶片脉间黄化。

水稻缺锌引起的形态症状名称很多，大多称红苗病，又称火烧苗。出现时间一般在插秧后2～4周。直播稻在立针后10天内。一般症状为新叶中脉及其两侧特别是叶片基部首先褪绿、黄化，有的连叶鞘脊部也黄化，以后逐渐转化为棕红色条斑，有的出现大量紫色小斑，遍布全叶，植株通常有不同程度的矮缩，严重时，叶枕距平位或错位，老叶叶鞘甚至高于新叶叶鞘，称为倒缩苗或缩苗。如发生时期较早，幼叶发病时，由于基部褪绿，内容物少，不充实，使叶片展开不完全，出现前端展开而中后部折合，出叶角度增大的特殊形态。如症状持续到成熟期，植株极度矮化、色深、叶小而短似竹叶，叶鞘比叶片长，拔节困难，分蘖松散呈草丛状，成熟延迟，虽能抽出纤细稻穗，大多不实。

小麦缺锌节间短、抽穗扬花迟而不齐、叶片沿主脉两侧出现白绿条斑或条带。

棉花缺锌从第一片真叶开始出现症状，叶片脉间失绿，边缘向上卷曲，茎伸长受抑，节间缩短，植株呈丛生状，生育推迟。

烟草缺锌下部叶片的叶尖及叶缘出现水渍状失绿坏死斑点，有时叶缘周围形成一圈淡色的晕轮，叶小而厚，节间短。

马铃薯缺锌生长受抑，节间短，株型矮缩，顶端叶片直立，叶小，叶面上出现灰色至古铜色的不规则斑点，叶缘上卷。严重时叶柄及茎上均出现褐点或斑块。

豆科作物缺锌生长缓慢，下部叶脉间变黄，并出现褐色斑点，逐渐扩大并连成坏死斑块，继而坏死组织脱落。大豆缺锌时，叶片呈柠檬黄色。蚕豆缺锌时，出现白苗，成长后上部叶片变黄、叶形变小。

叶菜类蔬菜缺锌，新叶生长异常，有不规则的失绿，呈黄色斑点。番茄、青椒等果菜类缺锌呈小叶丛生状，新叶发生黄斑，黄斑渐向全叶扩展，还易感染病毒病。

果树中的苹果、柑橘、桃和柠檬，大田作物中的玉米、水稻以及菜豆、亚麻和啤酒花对锌敏感；其次是马铃薯、番茄、洋葱、甜菜、苜蓿和三叶草；不敏感作物是燕麦、大麦、小麦和禾本科牧草等。

锌过量中毒之症状：一般锌中毒症状是植株幼嫩部分或顶端失绿，呈淡绿或灰白色，进而在茎、叶柄、叶的下表面出现去红紫色或红褐色斑点，根伸长受阻。水稻锌中毒幼苗长势不良，叶片黄绿并逐渐萎蔫，分蘖少，植株低矮，根系短而稀疏。小麦叶尖出现褐色条斑，生长迟缓。豆类中的大豆、蚕豆、菜豆对过量锌敏感，大豆首先在叶片中肋出现赤褐色色素，随后叶片向外侧卷缩，严重时枯死。

（11）锰缺乏与过量之症状　锰为较不活动元素。缺锰植物首先在新生叶片叶脉间绿色褪淡发黄，叶脉仍保持绿色，脉纹较清晰，严重缺锰时有灰白色或褐色斑点出现，但通常程度较浅，黄、绿色界不够清晰，常有对光观察才比较明显的现象。严重时病斑枯死，称为黄斑病或灰斑病，并可能穿孔。有时叶片发皱、卷曲甚至凋萎。不同作物表现症状有差异。禾本科作物中燕麦缺锰症的特点是新叶叶脉间呈条纹状黄化，并出现淡灰绿色或灰黄色斑点，称灰斑病，严重时叶身全部黄化，病斑呈灰白色坏死，叶片螺旋状扭曲，破裂或折断下垂。大麦、小麦缺锰早期叶片出现灰白色浸润状斑点，新叶脉间褪绿黄化，叶脉绿色，随后黄化部分逐渐变褐坏死，形成与叶脉平行的长短不一的短线状褐色斑点，叶片变薄变阔，柔软萎垂，特称褐线萎黄症。其中大麦症状更为典型，有的品种有节部变粗现象。棉花、油菜幼叶首先失绿，叶脉间呈灰黄或灰红色，显示网状脉纹，有时叶片还出现淡紫色及淡棕色斑点。豆类作物如菜豆、蚕豆及豌豆缺锰称湿斑病，其特点是未发芽种子上出现褐色病斑，出苗后子叶中心组织变褐，有的在幼茎和幼根上也有出现。甜菜生育初期表现叶片直立，呈三角形，脉间呈斑块黄化，称黄斑病，继而黄褐色斑点坏死，逐渐合并延及全叶，叶缘上卷，严重坏死部分脱落穿孔。番茄叶片脉间失绿，距主脉较远部分先发黄，随后叶片出现花斑，进一步全叶黄化，有时在黄斑出现前，先出现褐色小斑点。严重时生长受阻，不开花结实。马铃薯叶脉间失绿后呈浅绿色或黄色，严重时脉间几乎全为白色，并沿叶脉出现许多棕色小斑。最后小斑枯死、脱落，使叶面残缺不全。柑橘类幼叶淡绿色并呈现细小网纹，随叶片老化而网纹变为深绿色，脉间浅绿色，在主脉和侧脉附近出现不规则的深色条带，严重时叶脉间呈现许多不透明的白色斑点，使叶片呈灰白色或灰色，继而部分病斑枯死，细小枝条可能死亡。苹果叶脉间失绿呈浅绿色，杂有斑点，从叶缘向中脉发展。严重时脉间变褐并坏死，叶片全部为黄色。其他果树也出现类似症状，但由于果树种类或品种不同，有些果树的症状并不限于新梢、幼叶，也可出现在中上部老叶上。燕麦、小麦、豌豆、大豆被认为是锰的指示作物。

　　根据作物外部缺锰症状进行诊断时需注意与其他容易混淆症状

的区别。缺锰与缺镁：缺锰失绿首先出现在新叶上，缺镁首先出现在老叶上。缺锰与缺锌：缺锰叶脉黄化部分与绿色部分的色差没有缺锌明显。缺锰与缺铁：缺铁褪绿程度通常较深，黄绿间色界常明显，一般不出现褐斑，而缺锰褪绿程度较浅，且常发生褐斑或褐色条纹。

　　锰过量之症状：锰会阻碍作物对钼和铁的吸收，往往使植物出现缺钼症状。锰中毒会诱发双子叶植物如棉花、菜豆等缺钙（皱叶病）。根一般表现颜色变褐、根尖损伤、新根少。叶片出现褐色斑点、叶缘白化或变成紫色、幼叶卷曲等。不同作物表现不同。水稻锰中毒植株叶色褪淡黄化，下部叶片、叶鞘出现褐色斑点。棉花锰中毒出现萎缩叶。马铃薯锰中毒在茎部产生线条状坏死。茶树受锰毒害叶脉呈绿色，叶肉出现网斑。柑橘锰过量出现异常落叶症，大量落叶，落下的叶片上通常有小型褐色斑和浓赤褐色较大斑，称巧克力斑。初出现呈油渍状，以后鼓出于叶面，以叶尖、叶边缘分布多，在果实收获前就开始落叶，老叶不落，病树从春到秋发叶数减少，叶形变小。此外树势变弱，树龄短的幼树生长停滞。

　　（12）钼缺乏与过量之症状　植物缺钼症有 2 种类型，一种是叶片脉间失绿，甚至变黄，易出现斑点，新叶出现症状较迟。另一种是叶片瘦长畸形、叶片变厚，甚至焦枯。一般表现叶片出现黄色或橙黄色大小不一的斑点，叶缘向上卷曲呈杯状。叶肉脱落残缺或发育不全。不同作物的症状有差别。缺钼与缺氮相似，但缺钼叶片易出现斑点，边缘发生焦枯，并向内卷曲，组织失水而萎蔫。一般症状先在老叶上出现。

　　十字花科作物如花椰菜缺钼出现特异症状鞭尾症，先是叶脉间出现水渍状斑点，继之黄化坏死，破裂穿孔，孔洞继续扩大连片，叶子几乎丧失叶肉而仅在中肋两侧留有叶肉残片，使叶片呈鞭状或犬尾状。萝卜缺钼时也表现叶肉退化，叶裂变小，叶缘上翘，呈鞭尾趋势。

　　柑橘呈典型的黄斑症时，叶片脉间失绿变黄，或出现橘黄色斑点。严重时叶缘卷曲，萎蔫而枯死。首先从老叶或茎的中部叶片开始，渐及幼叶及生长点，最后可导致整株死亡。

豆科作物叶片褪绿，出现许多灰褐色小斑并散布全叶，叶片变厚、发皱，有的叶片边缘向上卷曲成杯状，大豆常见。

禾本科作物仅在严重时才表现叶片失绿，叶尖和叶缘呈灰色，开花成熟延迟，籽粒皱缩，颖壳生长不正常。

番茄在第一、二真叶时，叶片发黄、卷曲，随后新出叶片出现花斑，缺绿部分向上拱起，小叶上卷，最后小叶叶尖及叶缘均皱缩死亡。叶菜类蔬菜叶片脉间出现黄色斑点，逐渐向全叶扩展，叶缘呈水渍状，老叶深绿至蓝绿色，严重时也显示鞭尾病症状。

敏感作物主要是十字花科作物，如花椰菜、萝卜等，其次是柑橘以及蔬菜作物中的叶菜类和黄瓜、番茄等。豆科作物、十字花科作物、柑橘和蔬菜类作物易缺钼。需钼较多的作物有甜菜、棉花、胡萝卜、油菜、大豆、花椰菜、甘蓝、花生、紫云英、绿豆、菠菜、莴苣、番茄、马铃薯、甘薯、柠檬等。根据作物症状表现进行判断，典型的缺钼症状如花椰菜的鞭尾病，柑橘的黄斑病容易确诊。

钼过量中毒之症状：钼中毒不易显现症状。茄科植物较敏感，症状表现为叶片失绿。番茄和马铃薯小枝呈红黄色或金黄色。豆科作物对钼的吸收积累量比非豆科作物大得多。牲畜对钼十分敏感，长期取食的食草动物会发生钼毒症，由饮食中钼和铜的不平衡引起。牛中毒出现腹泻、消瘦、毛褪色、皮肤发红和不育，严重时死亡。可口服铜、体内注射甘氨酸铜或对土壤施用硫酸铜来克服。采用施硫和锰及改善排水状况也能减轻钼毒害。

（13）氯缺乏与过量之症状　植物缺氯时根细短，侧根少，尖端凋萎，叶片失绿，叶面积减少，严重时组织坏死，由局部遍及全叶，不能正常结实。幼叶失绿和全株萎蔫是缺氯的 2 个最常见症状。

番茄表现为下部叶的小叶尖端首先萎蔫，明显变窄，生长受阻。继续缺氯，萎蔫部分坏死，小叶不能恢复正常，有时叶片出现青铜色，细胞质凝结，并充满细胞间隙。根短缩变粗，侧根生长受抑。及时加氯可使受损的基部叶片恢复正常。莴苣、甘蓝和苜蓿缺氯，叶片萎蔫，侧根粗短呈棒状，幼叶叶缘上卷成杯状，失绿，尖端进一步坏死。

棉花缺氯叶片凋萎，叶色暗绿，严重时叶缘干枯，卷曲，幼叶发病比老叶重。

甜菜缺氯叶片生长缓慢，叶面积变小，脉间失绿，开始时与缺锰症状相似。甘蔗缺氯根长较短，侧根较多。

大麦缺氯叶片呈卷筒形，与缺铜症状相似。玉米缺氯易感染茎腐病，病株易倒伏，影响产量和品质。

大豆缺氯易患猝死病。三叶草缺氯首先是最幼龄小叶卷曲，继而刚展开的小叶皱缩，老龄小叶出现局部棕色坏死，叶柄脱落，生长停止。由于氯的来源广，大气、雨水中的氯远超过作物每年的需求量，即使在实验室水培条件下因空气污染也很难诱发缺氯症状。因此，大田生产条件下不易发生缺氯症。椰子、油棕、洋葱、甜菜、菠菜、甘蓝、芹菜等是喜氯作物。氯化钠或海水可使椰子产量提高。

氯过量中毒之症状：从农业生产实际看，氯过量比缺氯更被人担心。氯过量主要表现为生长缓慢，植株矮小，叶片少，叶面积小，叶色发黄，严重时叶尖呈烧灼状，叶缘焦枯并向上卷筒，老叶死亡，根尖死亡。另外，氯过量时，种子吸水困难，发芽率降低。氯过量主要的影响是增加土壤水的渗透压，因而降低水对植物的有效性。另外一些木本植物（包括大多数果树及浆果类、蔓生植物和观赏植物）对氯特别敏感，当氯离子含量达到干重的 0.5％时，植物会出现叶烧病症状，烟草、马铃薯和番茄叶片变厚且开始卷曲，对马铃薯块茎的储藏品质和烟草熏制品质都有不良影响。氯过量对桃、鳄梨和一些豆科植物作物也有害。作物氯害的一般表现为生长停滞、叶片黄化，叶缘似烧伤，早熟性发黄及叶片脱落。作物种类不同，症状有差异。小麦、大麦、玉米等叶片无异常特征，但分蘖受抑。水稻叶片黄化并枯萎，但与缺氮叶片均匀发黄不同，开始时叶尖黄化而叶片其余部分仍保持深绿。柑橘典型氯毒害叶片呈青铜色，易发生异常落叶，叶片无外表症状，叶柄不脱落。葡萄氯毒害叶片严重烧边。油菜、小白菜于三叶期后出现症状，叶片变小，变形，脉间失绿，叶尖叶缘先后枯焦，并向内弯曲。甘蔗氯毒害时根长较短，无侧根。马铃薯氯毒害主茎萎缩、变粗，叶片褪淡黄化，叶缘卷曲有焦枯。影响马铃薯产量及淀粉含量。甘薯氯毒害叶片黄化，叶面上有褐斑。茶树氯毒害叶片黄化，脱落。烟草氯毒害主要不在产量而在品质方面，氯过量使烟叶糖/氮比升高，影响烟丝的吸味和燃烧性。

氯对所有作物都是必需的，但不同作物耐受氯的能力差别很大。耐氯强的有：甜菜、水稻、谷子、高粱、小麦、大麦、玉米、黑麦草、茄子、豌豆、菊花等。耐氯中等的有：棉花、大豆、蚕豆、油菜、番茄、柑橘、葡萄、茶、苎麻、葱、萝卜等。不耐氯的有：莴苣、紫云英、四季豆、马铃薯、甘薯、烟草等。

2. 水分不足或过量所引起的旱害和涝害以及渍害　土壤水分不足，会引起植物叶尖、叶缘或叶脉间组织的枯黄。极干旱的情况下会引起植物萎蔫枯死。土壤中水分过多，土隙间空气被排斥而造成农作物根部的窒息状态，使根变色、凋萎和腐烂。此外，水分供应的剧烈变化有时会造成更大的危害。渍害又称湿害，是指连续降雨或低洼，土壤水分过多，地下水位高，土壤水饱和区侵及根系密集层，使根系长期缺氧，造成植株生长发育不良而减产；湿害多发生在气温较低的春季。

3. 低温所致的冻害、寒害和高温所致的日灼病害　温度会影响农作物各方面的生命活动。农作物的生长有它的最低、最高和最适的温度范围。温度高低超出植物生长所需范围，就会引起不同程度的损害。而且在自然界中，高温常常与干旱结合，干热风会造成禾谷类作物青干早熟，影响产量。

4. 肥料使用不合理和工厂排出的废水、废气所造成的药害和毒害　如稻田内由于淹水和大量有机肥料的发酵作用，常呈缺氧状态，根部因窒息而受到损伤。在工厂集中的地区，由于燃烧大量煤炭，使空气中含有相当多的二氧化硫气体，使禾谷类作物的叶尖变红或变黄，最后变成枯草色或白色。工厂排出的有害废液（如铜、锌、锰、硫酸、硝酸等），往往也会改变土壤酸度和这些化合物在土壤中的浓度，使农作物发生中毒作用。

5. 农药的药害 在使用农药的过程中，往往因种种原因，而导致对农作物的生长发育、产量、品质产生不利的影响，使其丧失原有的色、香、味，降低品质，造成减产，这就是所说的农药药害。药害的存在与发生在一定程度上威胁着农业生产的发展，作为农药生产和销售企业，在推广农药前有必要对药剂的特点、作用机理及农药药害产生的相关知识进行了解，降低农药药害的发生概率。

根据农药药害发生快慢，可分为急性药害、慢性药害和残留型药害 3 种。

（1）急性型药害 这种药害具有发生快、症状明显、肉眼可见的特点。一般在施药后几小时到几天内就可出现症状。在作物叶片上表现为出现斑点、焦边、枯边、穿孔、焦灼、卷曲、畸形、枯萎、黄化、厚叶、枯黄、落叶失绿或白化等；在植株整体上为生长迟缓、植株矮小、茎秆扭曲、全株枯死。其具体部位受害症状表现是：

①根部受害：表现为根部短粗肥大，根毛稀少，根皮变黄或变厚发脆、腐烂等。

②种子受害：表现为种子不能发芽或发芽迟缓等，这种药害多是由于过量使用农药或使用农药进行种子处理不当所致。

③植株受害：表现为落花、落蕾，果实畸形、变小，出现斑点，褐果、锈果、落果等。

（2）慢性型药害 这种药害施药后症状不能立即表现出来，具有一定的潜伏性。其特点是发生缓慢，有的症状不明显，多在长时间内表现出生长缓慢、发育不良、开花结果延迟、落果增多、产量降低、品质变劣等。

（3）残留型药害 这种药害的特点是施药后，当季作物不发生药害，而残留在土壤中的药剂对下茬较敏感的作物易产生药害。如玉米田使用西玛津除草剂后，往往对下茬的油菜、豆类等作物产生药害，这种药害多在种子发芽阶段显现。轻者，根尖、芽梢等部位变褐或腐烂，影响正常生长；重者，烂种烂芽，降低出苗率或完全不出苗。

（二）侵染性病害

农作物侵染性病害是农作物在一定的环境条件下受到病原物的侵袭而引起的。一般都具有不同的病症和病状，农作物之间和田块之间可以相互传染，所以又称传染性病害。同时在发病植株上还可以检查到致病的病原物。如果病原物是属菌类，则叫病原菌。引起侵染性病害的病原物有真菌、细菌、病毒、线虫和寄生性种子植物等。

侵染性病害和非侵染性病害有很密切的关系。非侵染性病害的危害性，不仅在于它本身可以导致农作物的生长发育不良，甚至死亡；而且由于它削弱了植株的生长势和抗病力，因而容易诱发其他侵染性病原的侵害，使农作物受害加重造成更大的损失。另一方面，农作物发生了侵染性病害后，也会降低对不良环境条件的抵抗力，如许多果树在发生一些叶斑病害引起早期落叶之后，往往容易遭受冻害和霜害。由此可见，一切客观事物没有彼此孤立，互不依赖，而是互相联系，互为影响。

（三）病原物的传播

无论是在农作物体外越冬、越夏的病原物引起的第一次发病，或是在农作物生长季节中已发病的寄主农作物上的病原物引起再次发病，都必须经过传播。所以病原物的传播是侵染循环中各环节间相互联系的纽带，切断传播途径也是打断侵染循环，防治病害的关键。各种病原物的传播方式是不同的，很多真菌具有把自己的孢子放射出去的能力；也有一些细菌和真菌产生的游动孢子，则可用"游泳"的方式转移位置，但依靠病原物主动传播的力量是有限的，一般都还要依靠自然媒介或人类活动把它们送到较远距离的植物体上。

1. 自然传播

（1）风力传播 由于很多真菌的孢子既小又轻，便于飞散，所以绝大多数真菌的孢子是依赖风传播的。风力传播的距离一般是比较远的。所以防治借风力远距离传播的病害，方法比较复杂，除了注意消灭当地的浸染来源以外，还要防止外地传入的浸染，有时还要组织大面积的联防，才能取得较好的防治效果。

（2）雨水传播　多数细菌病害能溢泌菌脓，如稻白叶枯病、大白菜角斑病以及一些真菌能产生带有胶黏物质的孢子（许多炭疽病菌），都需要借雨露的淋洗或雨滴的飞溅使病菌散开而传播。存在于土壤中的病原物如稻纹枯病，蔬菜细菌性软腐病等可借灌溉水从病田串灌至无病田，进行较远距离的传播。雨水传播的距离一般都比较近。所以对这类病害的防治，只要消灭当地的发病来源或防止它们的侵染，就能取得一定的效果。

（3）昆虫及其他动物传播　许多农作物病毒都是依靠昆虫传播，如黑尾叶蝉传播稻普通矮缩病，桃蚜、萝卜蚜传播油菜花叶病毒，虫体又是病毒越冬繁殖的场所。此外，在昆虫的活动过程中，可黏附携带一些真菌孢子或细菌等病原物而传播，并可危害农作物造成伤口，有助于病原物的侵入。所以消灭带毒昆虫就能起到防病的作用。

2. 鸟兽线虫等活动传播　其他鸟兽、线虫等的活动也可以偶然地传播各种病原物或经常地传播个别的病原物。

3. 人为传播　人类在各种农业操作活动的过程中，常常帮助了病原物的传播，如引种或调运带病种子、苗木或其他繁殖材料以及带有病原物的农作物产品和包装器材，都能使病原物不受自然条件和地理条件的限制而做远距离的传播，造成病区的扩大和新病区的形成。植物检疫的作用就是限制这种人为的传播，避免将危害很大的病害带到无病地区。

一般农事活动如施肥、灌溉、播种、移栽、整枝、嫁接、脱粒等也可传播病原物。因此，在操作过程中，加以注意，避免传播，在防治上也有重要意义。

三、农作物病害的症状

各种农作物病害都有一定症状，归纳起来有以下类型：

1. 病状类型　主要有变色、坏死和腐烂、萎蔫、畸形等类型。

2. 病征类型

（1）霉状物感病　霉状物感病在病部产生各种霉层，它的颜色、质地和结构等变化较大，如霜霉、绵霉、绿霉、青霉、灰霉、黑霉、红霉等。

（2）粉状物感病　粉状物感病在病部产生白色或黑色粉状物，白色粉状物多在病部表面产生；黑色粉状物多在植物器官或组织被破坏后产生。

（3）锈粉状物感病　锈粉状物感病在病部表面形成一堆一堆的小疱状物，破裂后散出白色或铁锈色的粉状物。

（4）粒状物感病　粒状物感病在病部产生大小形状及着生情况差异很大的颗粒状物。有的是针尖大小的黑色小粒，不易与组织分离，有的是形状、大小、颜色不同的颗粒。

（5）根状菌素感病　根状菌素感病在受病农作物的根部（或块根）以及附近的土壤中产生紫色的线索状物。

（6）菌脓感病　菌脓感病在病部产生胶黏的脓状物，干燥后形成白色的薄膜或黄褐色的胶粒。这是细菌性病害特有的特征。

一般来说，由于不同病原对农作物的影响不同，表现的症状也不同。非侵染性病害在病部找不到病原物；病毒病害在病部外表也看不到病原物；细菌病害在病部形成菌脓；真菌病害在病部可以找到霉状、粉状物、锈粉状物、粒状物或根状菌索等病原物，所以可以根据症状对病害作出初步诊断。但是病害的症状并不是固定不变的，如同一病害在初期和后期表现的症状不同。又如在潮湿、干旱以及其他不同环境因素或栽培条件影响下，表现的症状也不同。这种情况叫做病害的变型性。有时不同的病原物却可以表现相同的症状，称为症状的同型性。另一方面，同一病原物在不同寄主上或在同一寄主的不同器官上也会产生不同的症状，称为症状的多型性。

因此，在诊断一种病害时，有时只凭症状是不够的，还必须进一步了解病害在田间发生发展的情况。

四、农作物病害的诊断

（一）侵染性病害与非侵染性病害的区别

1. 非侵染性病害 非侵染性病害的诊断通过田间观察、考察环境、栽培管理来检查病部表面有无病征。具有如下特点：

（1）病株在田间的分布具有规律性 一般比较均匀，往往是大面积成片面发生。没有先出现中心病株，没有从点到面扩展的过程。

（2）症状具有特异性

①除了高温热灼等能引起局部病变外，病株常表现全株性发病。如缺素症、水害等。

②株间不互相传染。

③病株只表现病状，无病征。病状类型有变色、枯死、落花落果、畸形和生长不良等。

④病害发生与环境条件、栽培管理措施密切相关。

2. 侵染性病害 由病原物对植物侵染造成，因可传染，又叫传染性病害。植物病害的原因叫病原，寄生物病原叫病原物，植物病原真菌和细菌叫病原菌。病原物主要包括真菌、细菌、病毒、线虫和寄生性种子植物五大类，俗称五大类病原物。

3. 非侵染性病害和侵染性病害的相互关系 非侵染性病害加重侵染性病害的发生，造成伤口，如苹果腐烂病；同时，侵染性病害的发生会降低植物对不良环境条件的抵抗力，导致非侵染病害的发生。

（二）侵染性病害的诊断

1. 真菌性病害 真菌性病害的类型繁多，引起的病害症状也千变万化。但凡属真菌性病害，无论发生在什么部位，症状表现如何，在潮湿的条件下都有菌丝、孢子产生，这是诊断病害是否属于真菌病害的主要依据。即真菌性病害必然具备以下 2 个特征：

（1）病斑的形状 一定有病斑存在于植株的各个部位。病斑形状有圆形、椭圆形、多角形、轮纹形或不定形。

（2）病斑的颜色　病斑上一定有不同颜色的霉状物或粉状物，颜色有白、黑、红、灰、褐等。例如黄瓜白粉病，叶上病斑处出现白色粉状物；再如瓜类与番茄灰霉病，受害叶片、残花及果实上出现灰色霉状物。

2. 细菌性病害　细菌性病害主要表现为：坏死与腐烂，萎蔫与畸形。细菌性病害没有菌丝、孢子，病斑表面没有霉状物，但有菌脓（除根癌病菌）溢出，病斑表面光滑，这是诊断细菌性病害的主要依据。从外部形态上来看，细菌性病害有以下 4 个方面的特征：

（1）叶片病斑无霉状物或粉状物　长不长毛是真菌性病害与细菌性病害的重要区别。黄瓜细菌性角斑病与霜霉病症状相似，叶片都出现多角形病斑，容易混淆，湿时病斑上长有黑色的霉，而角斑病则没有。

（2）根茎腐烂出现黏液，并发出臭味　有臭味为细菌性病害的重要特征。

（3）果实溃疡或疮痂，果面有小突起　例如番茄溃疡病。

（4）根部青枯，根尖端维管束变成褐色　例如花生青枯病。

3. 病毒性病害　病毒性病害在多数情况下以系统侵染的方式侵害农作物，并使受害植株发生系统症状，产生矮化、丛枝、畸形溃疡等特殊症状。病毒病有 3 种外部表现：

（1）花叶　表现为叶片皱缩，有黄绿相间的花斑。黄色的花叶特别鲜艳，绿色的花叶为深绿色。黄色部位都往下凹，绿色部位往上凸。

（2）厥叶　表现为叶片细长，叶脉上冲，重者呈线状。

（3）卷叶　表现为叶片扭曲，向内弯卷。

（三）非侵染病害的诊断

非侵染性病害的病株在群体间发生比较集中，发病面积大而且均匀，没有由点到面的扩展过程，发病时间比较一致，发病部位大致相同。如日灼病都发生在果、枝干的向阳面，除日灼、药害是局部病害外，通常植株表现在全株性发病，如缺素病、旱害、涝害、药害等。

1. 症状观察 用肉眼和放大镜观察病株上发病部位及病部形态大小、颜色、气味、质地有无病症等外部症状，非侵染性病害只有病状而无病症，必要时可切取病组织，表面消毒后，置于保温（25～28℃）条件下诱发。如经24～48小时仍无病症发生，可初步确定该病不是真菌或细菌引起的病害，而属于非侵染性病害或病毒病害。

2. 显微镜检 将新鲜或剥离表皮的病组织切片并加以染色处理，在显微镜下检查有无病原物及病毒所致的组织病变（包括内含体），即可提出非侵染性病害的可能性。

3. 环境分析 非侵染性病害由不适宜环境引起，因此应注意病害发生与地势、土质、肥料及与当年气象条件的关系、栽培管理措施、排灌、喷药是否适当、城市工厂三废是否引起植物中毒等，都作分析研究，才能在复杂的环境因素中找出主要的致病因素。

4. 病原鉴定 确定非侵染性病害后，应进一步对非侵染性病害的病原进行鉴定。

（1）化学诊断 主要用于缺素症与盐碱危害等。通常是对病株组织或土壤进行化学分析，测定其成分、含量，并与正常值相比，查明过多或过少的成分，确定病原。

（2）人工诱发 根据初步分析的可疑原因，人为提供类似发病条件，诱发病害，观察表现的症状是否相同。此法适于温度（湿度）不适宜、元素过多或过少、药物中毒等病害。

（3）指示植物鉴定 这种方法适用于鉴定缺素症病原。当提出可疑因子后，可选择容易缺乏该元素，症状表现明显、稳定的植物，种植在疑为缺乏该元素园林植物附近，观察其症状反应，借以鉴定园林植物是否患有该元素缺乏症。

（4）排除病因 采取治疗措施排除病因。如缺素症可在土壤中增施所缺元素或对病株喷洒、注射、灌根治疗。根腐病若是由于土壤水分过多引起的，可以开沟排水，降低地下水位以促进植物根系生长。如果病害减轻或恢复健康，说明病原诊断正确。

(四)作物病害诊断时应注意的问题

1. 不同的病原可导致相似的症状。如叶稻瘟和稻胡麻叶斑病的初期病斑不易区分；萎蔫性病害可由真菌、细菌、线虫等病原引起。

2. 相同的病原在同一寄主植物的不同生育期，不同的发病部位，表现不同的症状。如红麻炭疽病在苗期危害幼茎，表现猝倒，而在成株期危害茎、叶和蒴果，表现斑点型。

3. 相同的病原在不同的寄主植物上，表现的症状也不相同。如十字花科病毒病在白菜上呈花叶、在萝卜上呈畸形叶。

4. 环境条件可影响病害的症状，腐烂病类型在气候潮湿时表现湿腐症状，气候干燥时表现干腐症状。

5. 缺素症、黄化症等生理性病害与病毒病、类菌原体、类立克次氏体引起的症状类似。

6. 农药药害引起的叶斑、叶枯、叶缘焦枯与真菌性病害，农药根部受害青枯与根腐病、细菌性青枯病，激素中毒的不同症状与病毒病等，容易混淆和误诊。

7. 在病部的坏死组织上，若有腐生菌，容易混淆和误诊。

8. 作物的环境伤害如小麦缩二脲中毒和蔬菜作物缩二脲中毒与病毒病、青枯病、根腐病容易混淆。

五、农作物病害的危害

1. 降低产量　1845年爱尔兰马铃薯晚疫病大流行，马铃薯几乎绝收。1950年我国小麦锈病大流行，减产60亿千克。1996年玉米弯孢菌叶斑病在我国辽宁流行，绝收25万亩[①]，损失2.5亿千克。据统计，全世界农作物每年因病害减产：粮食10%、蔬菜40%。

2. 降低品质　水稻发生稻瘟病使碎米率增加；甜菜感染褐斑

---

① 亩为非法定计量单位，15亩＝1公顷。余同——编者注

病后，含糖量大大减少；小麦患锈病后面筋减少。

3. 产生有毒物质，使人畜中毒　甘薯黑斑病产生有毒物质黑疤酮，病薯喂牛羊而导致其气喘和死亡。发生小麦赤霉病的小麦生产成面粉，人食之，易产生呕吐、腹泻。

4. 限制了农作物的栽培　由于一种病害在一地区发生而不能再栽植，辽宁省由于发生红麻炭疽病而 40 年未能种植。广东省由于发生木瓜病毒病至今不能栽植。

5. 影响农产品的运输和储藏　白菜软腐病；水果产后病害。

六、农作物病害的防治

（一）综合防治的指导思想

在作物病害系统中，由于寄主植物和病原物在外界条件（包括人为因素在内）影响下的相互作用出现了寄生现象，引起作物病害，那么人们防治病害，就是要处理好植物病理系统中各种因素之间的相互关系和作用，使不发生病害，或使病害所造成的危害性降低到最小限度。

作物各种病害的性质不同，防治的重点也要有所不同。

1. 侵染性病害的防治

（1）消除病害的侵染来源。

（2）增强寄生的抗病性，保护它不受病原物的侵染。

（3）创造有利于寄主，不利于病原物的环境条件。

2. 非侵染性病害的防治

（1）改善环境条件。

（2）消除不利因素。

（3）增强寄主抗病性。

不同地区、时间等发生的作物病害情况也不同，对作物病害防治的目的要求也需要根据情况不同提出不同的要求。所以，进行防治措施设计要根据病害性质、不同病害的发生发展规律，不同的地区和时间等因素来考虑，不同的病害有不同的防治方法，同时也要注意同一类型的病害，如花生青枯病、辣椒青枯病等，它们之间也有很多共同的地方。因此，一种防治措施往往对多种病害都有效，在拟定防治计划时可以互相借鉴。

病害的防治要认真执行"预防为主，综合防治"的植保方针，预防为主就是要正确处理植物病理系统中各种因素的相互关系，在病害发生之前采取措施，把病害消灭在未发前或初发阶段，从而达到只需较少或不需投入额外的人力物力就能有效防治病害的目的，在目前的条件下，预防病害发生仍然是主要的。综合防治指的是在进行防治时要做到因时、因地、因病害的种类，因地制宜地协调运用必要的防治措施，以达到最佳的防治效果。它是当前和今后病害防治的必然趋势，主要体现在下列几个方面：

①从农业生产的全局或农业生态的总体观点出发，以预防为主，创造不利于病虫害发生危害，有利于生长发育的有益生物存在繁殖的条件。

②建立在单项防治措施的基础上，搞好综合防治，但不是各种防措的相加，也不是措施越多越好。要因地、因时、因病、因地制宜地协调运用必要的预防措施，以达到最好防效。

③综合防治要考虑经济、安全、有效。

（二）作物病害防治新措施

1. 诱导抗性 根据不同的信号传递途径和功能谱，已经研究发现了包括系统获得性抗性和诱导系统抗性等许多不同类型的诱导抗性。这些抗性可通过多种生物和非生物的因子诱导植物产生。诱导抗性被认为具有广谱性和持续性，大多数诱导因子可以控制病害的效果达到 20%～85%。由于诱导抗性是一种寄主反应，其表达受到环境、基因型、作物营养以及诱导植物的程度等因素的影响。尽管这一领域的研究在过去的几年取得了很大的进展，但是，对于诱导抗性表达作用的影响等方面的理解还很有限。近年来有些研究试图开展在实践中如何正确使用诱导抗性进行作物保护。

2. 农作物病害生态防治 农作物病害是因植物所处的生物因素和非生物因素相互作用的生态系统失衡所致，病害的生态治理就在于通过相关措施（包括必要的绿色化学措施）促进和调控各种生物因素（寄主植物、病原生物、非致病微生物）与非生物因素（环境因素）的生态平衡，将病原生物种群数量及其危害程度控制在三大效益允许的阈值之内，确保植物生态系统群体健康。生态防治技术就是根据这一原理来防治植物病害的，它对生态环境安全，能使植物健康生长，因而越来越受到人们的重视，将逐步成为防治植物病害的最重要手段之一。但该技术的应用在近期内还存在一些问题，如使用单一的生态防治技术难以取得显著防效，各种技术应综合运用；尚未被广大农民接受，导致这些技术在短期内无法代替化学农药的使用。因此，有关部门应采取各项措施解决这一问题，正确引导和鼓励广大农民使用生态防治技术来治理植物病害，以利保护生态环境，推动绿色可持续农业的发展。

3. 生物防治及微生物代谢产物　植物病害生物防治是利用有益微生物和微生物代谢产物对农作物病害进行有效防治的技术与方法，我国在生物农药资源筛选评价体系、基因工程、发酵代谢工程等方面取得进展并研制出多种高效植物病害生物防治药物。

在过去的几十年中，经过多方面的研究和发展，微生物代谢产物的应用范围已经被拓宽。已经将投入应用好多年的微生物代谢产物直接作为杀菌剂应用，同时很多时候将其作为新型杀菌剂的前导分子来应用。灭稻瘟素、多氧菌素、有效菌素、硝吡咯菌素、甲氧基丙烯酸酯类就是微生物代谢产物作为前导分子或杀菌剂的最重要的例子。微生物代谢产物也被用作诱导植物产生植物诱导抗性的激发子。植物在生长中会通过它们的代谢产物等多种机制来助长根际细菌，这常被应用于植物对抗害虫和病菌的作物保护的诱导作用中。

4. 壳聚糖对作物病害的作用　从 20 世纪 60 年代起，世界范围内的研发机构以壳聚糖（壳寡糖）作为有机改良剂在植物病害治理效果上进行研究，并取得了重要的成果。壳寡糖对植物生长、种子发芽率、作物根系生长均具有显著促进作用，还对作物品质有明显改善，产量亦能提高，是一种天然的植物生长调节剂；壳寡糖不仅对植物病原菌、人畜疾病病原菌有很好的抑制作用，而且对真菌如青霉菌、灰霉菌、黑霉菌、褐腐菌等引起的果实病害均具有显著的抑制效果。壳聚糖在农业方面特别是作为杀菌剂在防治植物病害领域的研究，包括壳聚糖对病原菌的抑制机理、规律及应用效果研究的进展和趋势。壳聚糖是一种用途十分广泛的具有生物活性的高分子化合物，在抑制作物病害方面具有较好作用。壳聚糖可以作为土壤改良剂防治土传病害、用作种衣剂防治种传病害、用于果蔬保鲜控制收获后病害，还可作为植物生长调节剂、植物病害诱抗剂促进植物生长、诱导提高植物的广谱抗病性。壳聚糖抑制植物病害具有多重机制。

5. 植物源活性成分　植物的次生代谢是植物在长期进化过程中与环境因素相互作用的结果，植物次生代谢产物在植物协调与环境的关系、提高生存竞争能力和自身保护能力等方面起着重要的作用。植物中的萜类、黄酮类、生物碱、挥发油等物质多为植物次生代谢物质，这些物质使植物对病原微生物的侵染过程能够进行有效的化学防御。研究植物次生代谢物质在植物病害中的防治机理，改善植物中有效成分的提取工艺，将提取后的植物药渣制成有机复合药肥，重新再利用，可大大降低成本，也是植物源农药的研制与开发的一条新路。

6. 植物内生菌　植物内生菌分布广，种类多，目前，几乎存在于所有已研究过的陆生及水生植物中，全世界至少已在 80 个属 290 多种禾本科植物中发现内生真菌，在各种农作物及经济作物中发现的内生细菌已超过 120 种。感染内生菌的植物宿主往往具有生长快速、抗逆境、抗病害、抗动物危害等优势，比未感染内生菌的植株更具生存竞争力。植物内生菌的防病机理主要表现在通过产生抗生素类，水解酶类，植物生长调节剂和生物碱类物质，与病原菌竞争营养物质，增强宿主植物的抵抗力以及诱导植物产生系统抗性等途径抑制病原菌生长。

第二讲 农作物虫害

一、作物虫害概述

（一）害虫的概念

危害作物的昆虫和螨类，统称危害虫。也就是说在农业生产过程中，凡是取食作物营养器官，对作物生长发育带来不良影响，使作物产量降低、品质下降的昆虫（包括螨类），统称为农作物害虫。昆虫属于节肢动物门，昆虫纲；螨类属于节肢动物门，蛛形纲。由它们引起的各种作物伤害称为农作物虫害。昆虫纲不但是节肢动物门中最大的纲，也是动物界中最大的，其种类多，数量大，分布广。全世界已知动物已超过150万种，其中昆虫就有100万种以上，占到2/3。农作物害虫种类繁多，分布极广，每种作物上都有一种甚至多种害虫危害，如危害水稻的有螟虫、稻苞虫、稻飞虱、稻叶蝉、稻蓟马、稻纵卷叶螟、褐边螟，危害棉花的有小地老虎、棉蚜、棉红蜘蛛、棉铃虫、红铃虫、二点叶蝉，危害小麦的有黏虫、麦长管蚜、麦圆蜘蛛、小麦吸浆虫，危害油菜的有菜蚜、潜叶蝇……等等，这些害虫常给农业生产带来巨大损失。也有些昆虫对人类是有益的，如家蚕可以吐丝，蜜蜂可以酿蜜传粉，白蜡虫能分泌白蜡，寄生蜂、寄生蝇、蜻蜓、螳螂、步行虫等能寄生和捕食害虫等。

（二）昆虫与作物和人类的关系

1. 有益的一面

（1）捕食或寄生性天敌　如七星瓢虫、寄生蜂等。

（2）授粉昆虫 显花植物中有 85％的种类依靠虫媒传粉，如蜜蜂、熊蜂等。

（3）腐食性昆虫 对分解植物残体和促进生态循环等具有重要作用（大自然的清洁工）。

（4）昆虫为人类生产大量的工业原料 如蚕丝、紫胶等。

（5）入药 如冬虫夏草——鳞翅目昆虫被真菌寄生后产生的子实体，可保肺益肾，化痰止咳。

（6）作为科学研究的材料 如果蝇。

（7）其他 丽蝇可清除伤口腐肉，以蜜蜂螫刺来医治关节炎。

2. 有害的一面

（1）直接危害栽培植物 如我国的水稻害虫有 385 种，棉花害虫 310 余种，苹果害虫 340 余种等；仓储害虫 224 种，降低产量，影响品质。

（2）间接危害 昆虫可传播植物病毒。在已知的 249 种植物病毒中，仅蚜虫能传播的病毒就占 159 种。还有飞虱、叶蝉等。

（3）卫生害虫对人类的危害。

（4）建筑物受白蚁的损害。

（三）虫害发生的基本特征

1. 种类繁多 全世界现发现昆虫约 120 万种，是动物界中最大的一个种群。

2. 分布广泛 从高山到高空，从居室到田野，从陆地到水中以至深海，处处都有昆虫的分布。

3. 繁殖迅速 如在干旱高温年份，蚜虫在黑龙江省一年就可以繁殖 16 代以上，并且可以进行无性繁殖，即孤雌生殖，短时间内可形成巨大的群体。

4. 适应性强 各种环境都能通过进化逐渐适应，食性复杂。

5. 规律复杂 随着种植业结构的调整以及生态环境的破坏，气象灾害频发，有害生物的发生规律发生了很大变化，变得越来越没有规律，这给防治带来一定困难。

6. 防治困难 如水稻二化螟的防治，玉米田玉米螟的防治，都会因为水田的有水环境以及玉米螟防治适期玉米植株高大，给防治带来很大困难。

二、农作物害虫的类型

（一）根据害虫的口器形状和取食方式分类

可分为刺吸式口器害虫和咀嚼式口器害虫，如蚜虫和蝗虫。在防治过程中，刺吸式口器害虫应选择具有内吸传导型杀虫剂，而咀嚼式口器害虫应选择胃毒型杀虫剂。

（二）根据害虫的活动场所和取食部位分类

可分为地下害虫和地上害虫。在防治过程中，地下害虫多采用毒土法、灌根或种衣剂拌种防治，地上害虫多采用喷雾法防治。

（三）根据害虫的形态特征和活动方式分类

可分为鳞翅目害虫、鞘翅目害虫、半翅目害虫、同翅目害虫等。

（四）根据害虫能否在当地越冬分类

可分为常发性害虫和突发性害虫。常发性害虫在当地年年发生，根据环境、气候及栽培条件变化，年际间发生程度变化不大，如玉米螟。突发性害虫，有时也称迁飞性害虫，发生轻重与当地条件关系不密切，年际间发生程度差别巨大，如草地螟。1982年在华南大发生，2008年在华南又大发生，时隔26年。近年来，由于黑龙江省小麦面积锐减，黏虫已有十几年没有大发生。

（五）根据害虫虫态之间的变化程度分类

可分为全变态昆虫和不全变态昆虫。全变态昆虫的成虫、卵、幼虫、蛹4种虫态俱全，不全变态往往只有3种虫态。如蚜虫、蝗虫就是不全变态昆虫。

（六）根据昆虫对食物的选择分类

可分为植食性昆虫、肉食性昆虫、腐食性昆虫，绝大多数植食性昆虫是农业害虫，而肉食性昆虫多以其他昆虫为食物，所以大多是害虫的天敌，人们多称之为益虫，如草蛉、蜻蜓、瓢虫、赤眼蜂等。腐食性昆虫一般不以有生命植物为食，大多以腐败后的植物为食，对作物无害并有疏松土壤的作用，如屎壳郎、蚯蚓等。

（七）根据繁殖方式不同分类

可分为有性繁殖、无性繁殖等。有性繁殖是最常见的繁殖方式，绝大多数昆虫都是以有性繁殖方式繁殖。无性繁殖方式最常见的害虫就是蚜虫，在中原地区盛发期都采用孤雌生殖，即雌性大蚜虫直接可以生小蚜虫，而且是胎生。

（八）根据危害方式和取食部位不同分类

可分为潜叶性害虫、钻蛀性害虫、潜根性害虫等。如潜叶蝇是潜叶性害虫、玉米螟是钻蛀性害虫、根蛆是潜根性害虫。

（九）根据生态对策分类

可划分为 k 类害虫、r 类害虫和中间类型的害虫。

1. k 类害虫　k 类害虫具有稳定的生境，它们的世代时间（T）与生境保持有利的时间长度（H）的比值很小（T/H 小），所以它们的进化方向是使它们的种群保持在平衡水平上，以及不断地增加种间竞争能力。但当种群密度明显下降到平衡水平以下时，不大可能迅速地恢复，甚至可能灭绝。它们个体大、寿命长、低的潜在增长率、低的死亡率、高的竞争力，以及对每个后代的巨大"投资"。典型的 k 类害虫有：苹果落蛾、舌蝇等。

2. r 类害虫　r 类害虫是不断地侵占暂时性生境的种类，T/H 值较大，它们在任何种群密度下都遭到选择。它们的对策基本上是随机的"突然暴发"和"猛烈崩溃"。迁移是这类种群的重要特征，甚至每代都能发生。它们个体小，数量多，寿命短，繁殖率高，死亡率一般也较高。典型的 r 类害虫有：飞虱、蚜虫、红蜘蛛、小地老虎等。

3. 中间类型害虫　这类害虫既吃根和营养叶，也吃产品，但能被天敌很好地调节，故采用生物防治和耕作防治对其进行双重调节可以收到较好的效果。按照推论，利用化学农药来防治这类害虫很可能会造成再猖獗。

三、农作物害虫的危害

(一)间接危害

1. 传播作物病害 昆虫与诱发植物病害的病原物都是农业生态系的成员，两者关系极为密切。昆虫嚼食植物，病原物寄生于植物，二者危害对象相同，在自然界中，一般虫害严重的地块，病害也往往严重。

植食性昆虫，咬食植物的根、茎、叶、花、果实和种子，除直接造成危害、降低产量、品质外，更重要的是给植物造成了大量的伤口，这些伤口即成为部分病原物侵入的门户；绝大部分细菌病害和部分真菌病害都是从伤口侵入的。

昆虫与病害更密切的关系表现在昆虫是病原物的传播者。很多病毒都是通过媒介昆虫的刺吸式口器给植物造成微小伤口，并把病毒直接送入细胞的。如蚜虫可传播大麦、小麦的黄矮病、玉类矮花叶病、马铃薯病毒病、油菜花叶病、甜菜黄化病、烟草花叶病等。飞虱可传播小麦丛矮病、玉来粗缩病等。叶蝉可传播水稻普通矮缩病、水稻黄矮病、玉米条纹矮缩病等。新发现的病原物类菌质体、类立克次氏体等也可通过刺吸式昆虫传播。少数咀嚼式口器的昆虫也可传播某些病原物，如菜青虫的幼虫在咬食白菜时，就可把软腐细菌从病株传给健株。此外，昆虫还是病原物的越冬场所或初侵染来源。如传播病毒的叶蝉和飞虱类，病毒可在其体内增殖，一旦获毒，则终生传毒，甚至可经过卵传给下一代。又如传播水稻普通矮缩病毒的黑尾叶蝉，病毒可经过卵传导。这些带毒的昆虫，在作物或杂草根部度过冬天后，成为来年的初侵染源。

2. 污染作物产品，加重和引发作物病害发生 昆虫对农作物果实的咀嚼、咬食、钻蛀，排出大量的虫粪，污染产成品，影响食用价值和品质，造成无法食用或浪费。由于害虫对作物的咬食，严重缩弱作物的生长势和生长量，降低作物的抗逆能力，更易引发各种作物病害。

（二）直接危害

1. 食叶害虫　昆虫以植物体的花、茎、叶、根、果实和汁液为食，而使植物受到伤害。如瓜蓟马危害瓜类的花器。大多取食树木及草坪叶片，猖獗时能将叶片吃光，削弱树势，并为天牛、小蠹虫等蛀干害虫侵入提供适宜条件，既影响植物的正常生长，又降低植物的美化功能和观赏价值。此类害虫主要有鳞翅目的袋蛾、刺蛾、大蚕蛾、尺蛾、螟蛾、枯叶蛾、舟蛾、美国白蛾、国槐尺蛾、凤蝶类，鞘翅目的叶甲，膜翅目的叶蜂等。

2. 刺吸式害虫及螨类　刺吸式害虫是园林植物害虫中较大的一个类群。它们个体小，发生初期往往受害状不明显，易被人们忽视，但数量极多，常群居于嫩枝、叶、芽、花蕾和果上，汲取植物汁液，掠夺其营养，造成枝叶及花卷曲，甚至整株枯萎或死亡。同时诱发煤污病，有时害虫本身是病毒病的传播媒介。此类害虫主要有蚜虫类、介壳虫类、粉虱类、木虱类、叶蝉类、蜡象类、蓟马类、叶螨类等。

3. 蛀食性害虫　蛀食性害虫生活隐蔽，天敌种类少，个体适应性强，是园林植物的一类毁灭性害虫。它们以幼虫蛀食树木枝干，不仅使输导组织受到破坏而引起植物死亡，而且在木质部内形成纵横交错的虫道，降低了木材的经济价值。此类害虫主要有鳞翅目的木蠹蛾科、透翅蛾科、鞘翅目的天牛科、小蠹科、吉丁甲科、象甲科、膜翅目的树蜂科、等翅目的白蚁等。

4. 地下害虫　地下害虫主要栖息于土壤中，取食刚发芽的种子、苗木的幼根、嫩茎及叶部幼芽，给苗木带来很大危害，严重时造成缺苗、断垄等。此类害虫种类繁多，主要有直翅目的蝼蛄、蟋蟀，鳞翅目的地老虎，鞘翅目的蛴螬、金针虫。

（三）害虫的暴食期

像黏虫、草地螟等鳞翅目害虫的幼虫，它们在 3 龄之前的食量是非常小的，大约只占一生食量的 5%，而且害虫对农药的抗性还低，所以在进行害虫防治时，选择恰当的时间采取措施，对提高防治效果意义重大，在必须防治时最好在幼虫 3 龄以前采取措施，可起到事半功倍的效果。既节省药剂，又能提高防治效果。

昆虫是外骨骼包被全体动物，它的外骨骼就是它体表的一层皮，在生长时，幼虫每蜕掉一层皮，就长1龄，第一次蜕皮时是2龄，第2次蜕皮时是3龄，最多能蜕5次皮，或者说幼虫最多也只有6龄。

四、农作物虫害的防治

(一) 虫害防治的主要途径

根据虫害发生的原因，把害虫的种群数量控制在经济危害水平以下，农业害虫的防治主要采取下列基本途径：

1. 控制田间的生物群落 即争取减少害虫的种类与数量，增加有益生物（害虫的天敌）的种类与数量。

2. 控制主要害虫种群的数量 使其被抑制在足以造成作物经济损失的数量水平之下。具体措施可从三方面考虑：

（1）消灭或减少虫源 例如，植物检疫是为了防止国外或外地的危险性虫、病、杂草传入本国或本地。越冬防治是为了压低害虫的来春发生基数。

（2）恶化害虫发生危害的环境条件 例如，改进栽培技术，使农田环境不利于害虫和生活，栽培抗虫良种，保护天敌，使其在自然界能发挥更大地抑制害虫的作用等等。

（3）在大量发生危害以前及时采取适当措施抑制害虫 例如，及时施用适当的农药，或人工释放害虫的天敌，或采用有效的物理、机械防治措施等。

3. 控制农作物易受虫害的危险生育期与害虫盛发期的相配合关系 可使作物能避免或减轻受害。

(二) 虫害防治的基本原则

农作物虫害防治应遵循如下原则：

1. "预防为主，综合防治"，因地因时因害虫制宜，力求不同害虫兼治，确保"治早、治小、治了"。

2. 能用农业措施或物理措施防治的，不用化学防治。

3. 能用生物农药或仿生的，不用化学农药。

4. 能用低毒低倍农药的，不用高毒高倍农药。

5. 循环交替用药，防止产生抗性；搞好预测预报，及时发现虫害并预测最佳防治时机。

（三）虫害防治的主要方法

虫害防治历史悠久，在长期防治实践的过程中以及各类防治技术的研究发展，一些传统的防治方法有了新的内容，一些近代的防治方法也逐步形成。按照各类防治方法性质和作用，通常可分为五类，即植物检疫、农业防治法、生物防治法、化学防治法和物理机械防治法。有的防治技术如植物抗虫性的利用、昆虫激素的利用以及不育技术等也均有其自身的特点，也很难将其划为某一类别，这里结合有关部分作一简要概述。

1. 植物检疫　植物检疫是国家以法律手段，制定出一整套的法令规定，由专门机构执行，对受检疫的植物和植物产品控制其传入和带出以及在国内的传播，是用以理论上有害生物传播蔓延的一项根本性措施，有的也称为法规防治。

植物检疫可包括两方面的内容：

（1）防止将危险性病、虫、杂草随同植物及植物产品（如种子、苗木、块茎、块根、植物产品的包装材料等）由国外传入和由国内传出。即防止国与国之间危险性病、虫、杂草的传播蔓延。这称为对外检疫。

（2）当危险性病、虫、杂草已由国外传入或在国内局部地区发生，将其限制、封锁在一定范围内，防止传播蔓延到未发生的地区，并采取积极措施，力争彻底肃清。这称为对内检疫。

2. 农业防治法

农业防治法是在认识和掌握害虫、作物和环境条件三者之间相互关系的基础上，结合整个农事操作过程中的各种具体措施，有目的地创造有利于农作物的生长发育而不利于害虫发生的农田环境，达到直接消灭或抑制害虫的目的。

农业栽培技术控制害虫种群数量和危害程度的有下列方式：

（1）通过压低害虫基数来控制种群发生数量　害虫种群发生的数量总是在一定的虫源数量基础上发展起来的，在相同的环境条件下，发生基数的大小，必然会影响种群数量增长的快慢。

（2）通过影响害虫的繁殖控制其种群数量　害虫的种群数量很大程度上取决于它的繁殖率，包括生存率、性比、生殖力和繁殖速度等。

（3）通过影响害虫天敌控制害虫种群数量　棉田播种油菜繁殖菜蚜招来天敌，又通过天敌有效地控制棉蚜的危害。

（4）通过影响作物长势减轻作物受害程度　作物栽培管理条件好，作物生长势强，可提高抗虫耐虫能力，以减轻危害损失。

（5）直接影响害虫的种群数量　通过农业技术改变害虫的生活条件和机械杀伤，达到控制害虫种群数量的目的。

3. 生物防治法　生物防治法是利用生物有机体或它的代谢产物来控制有害生物的方法。它包括寄生性天敌、捕食性天敌、昆虫病原微生物、昆虫的不育性及昆虫性外激素、内激素等。

（1）生物防治的特点　生物防治的优缺点表现在以下几个方面：

①优点：对人畜安全；不杀伤天敌及其他生物；不污染环境；持效期长；资源丰富。

②缺点：作用缓慢；范围窄；受气候条件影响大；从试验到应用所需时间长。

（2）生物防治的主要内容

①食虫昆虫的利用。食虫昆虫又可以分为捕食性和寄生性两大类，常见的对昆虫控制作用较大的有两类：一类是捕食性昆虫，有18个目，近200个科。最常见的有蜻蜓、螳螂、草蛉、蜡类、食虫虻、食蚜蝇、步甲、瓢虫等，它们都能捕食多种害虫，有些已在生产上应用。另一类是寄生性昆虫，有5个目，97个科。最主要的有寄生蜂和寄生蝇类，如茧蜂、小蜂、赤眼蜂等已在生产上应用，并取得良好效果。

②病原微生物的应用。病原微生物能侵染昆虫引起死亡，常见

的有真菌、细菌和病毒。目前应用较为广泛的有白僵菌、苏云金杆菌、核多角体病毒等。

③其他有益生物的利用。一是蜘蛛类的利用。二是脊椎动物的利用，有鸟类、两栖类、哺乳类等。

④生物农药的利用。随着人们对环保和健康的关注及生态发展理念的需要，高效、高毒的有机磷农药的使用在各国都受到不同程度的限制。采用高效、低毒、低残留的生物农药是今后的发展方向，所以生物农药的发展前景广阔。预计近几年会保持一个相对平稳、快速的发展态势。

生物农药指利用生物活体或其代谢产物对害虫、病菌、杂草、线虫、鼠类等有害生物进行防治的一类农药制剂，或者是通过仿生合成具有特异作用的农药制剂。我国生物农药按照其成分和来源可分为微生物活体农药、微生物代谢产物农药、植物源农药、动物源农药4个部分。按照防治对象可分为杀虫剂、杀菌剂、除草剂、杀螨剂、杀鼠剂、植物生长调节剂等，如80亿个/毫升地衣芽孢杆菌水剂就是微生物活体杀菌剂。我国生物农药发展现状、存在问题与正确施用技术如下：

一是我国生物农药发展取得了较大成就。我国对真菌制剂的研究、开发已有20多年的历史，其中以白僵菌、绿僵菌为主。尽管还未成功开发出白僵菌制剂产品，但应用白僵菌防治松毛虫和玉米螟等害虫的面积达1亿亩以上。木霉菌已开发成功，取得登记注册，用于防治蔬菜灰霉病，效果理想，具有广阔的应用前景。在病毒杀虫剂的研究中，防治蔬菜害虫的多个病毒产品已实现商品化，其中利用生物工程技术获得的基因修饰及含有增效蛋白因子的病毒株系已处于开发生产阶段，从而使昆虫病毒产品的杀虫谱更广，防治效果更好。如棉铃虫核多角体病毒已有多家企业登记注册，进入工业化生产。线虫和微孢子杀虫剂起步虽晚，但在解决工厂化批量生产工艺和应用技术的基础上，产品已达到实用化程度。

近年来，对拮抗细菌生防制剂的研究趋于活跃，主要用于防治植物土传病害，主要解决瓜类生产中病害顽症——枯萎病的防治问题，80亿个/毫升地衣芽孢杆菌水剂就属这类产品，用来防治瓜类枯萎病具有较明显的效果，并能较大幅度地提高产量，增产幅度高达20％左右，得到了广大用户、农业专家和农技推广人员的一致好评。该产品属高新技术农药新品种，具有广谱、高效、无公害等特点。

二是多因素阻碍生物农药发展。生物农药是由生物发酵后经特殊工艺处理制作而成，是对特定害虫具有特效的、安全性极高的农药。然而在实际推广中，却显得步履维艰。目前，生物农药无论是品种还是销售量，都只占很小的比例。其主要原因有以下几点：

价格偏高。一方面由于生物农药是一项尖端技术，开发成本高，它的价格比一般化学农药高；另一方面，目前国内一些生物农药生产企业，存在规模小、设备差、缺乏资金和技术落后等难题，加上微生物农药多为发酵制作，生产工艺导致成本偏高。农民对生物农药有认可不认购的做法。

认识程度低。农民使用化学农药时间久了，对化学农药有了一定的依赖性，而对新型农药还没有真正接受。多数农民最关心的还是时效性，化学农药见效快，而生物农药需要几天才能看到效果，因此，生物农药的推广和使用就比较艰难。事实上，使用生物农药并不一定不划算。衡量一种农药的价格，并不能只看单价，而要看整体的使用效果。有时候数千克化学农药的使用效果和几十克生物农药的效果是一样的。相比之下，单价昂贵的生物农药也就很划算了。

生物农药发展慢。生物农药本身的发展缓慢也导致了推广的困难。与发达国家相比，我国市场上的生物农药品种还太少，其中主要的原因是推广周期过长，从开发到推广利用至少需要六、七年时间。另外，目前生物农药的品种也不齐全，在农药中所占比例还不到10％。

三是充分认识发展和应用生物农药意义重大。生物农药性能优越。应用生物农药，一可杀灭多种病虫害；二可生产无公害绿色食品；三可减少对环境污染，确保人畜安全；四可保护天敌；五可使病虫不易产生抗药性。所以说使用生物农药具有不产生抗药性、安全无毒、使用剂量低等特点，对改善我国土壤环境，生产无公害农产品以及促进我国农业可持续发展都具有重大意义。

有利于冲破"绿色壁垒"发展国际农产品贸易。近年来，由标准频频引发的农产品出口受阻，越来越成为我国农业走向国际市场的拦路虎，每年都会有我国出口农产品因质量问题被退货的事件发生，由于缺乏标准而痛失的商机更是数不胜数。因此，以生物防治病虫害为主，少量施用化学农药是生产绿色安全果品的保证。从而确保我国有更多的农产品冲破"绿色壁垒"，跨出国门。

能够解决生产中许多疑难病虫害问题。有些病虫害由于长期使用化学农药已产生极强的抗性，用化学农药防治效果很差。而使用新型生物农药，可以解决这一问题。如 80 亿个/毫升地衣芽孢杆菌水剂，对瓜类枯萎病的防治效果和生态作用效果要优于化学农药，同时还具有促进作物生长、提高作物免疫力的作用。

四是掌握正确施用技术。在新型生物农药使用时要掌握如下要点：一是温度。生物农药喷施的适宜温度在 20℃以上。因为生物农药的活性成分是蛋白质晶体和有生命的芽孢，低温条件下芽孢繁殖速度极慢，蛋白质晶体也不易发生作用。试验表明：在 25～30℃条件下施用生物农药，其药效比在 10～15℃时施用高 2 倍左右。二是湿度。使用生物农药，环境湿度越高，药效越高，只有在高湿条件下药效才能得到充分发挥。其原因是生物农药细菌的芽孢不耐干燥的环境条件。因此，喷施细菌粉剂宜在早晚有露水的时候进行，以利于菌剂能较好地黏在作物的茎叶上，并促进芽孢繁殖，增加与害虫接触的机会，提高防治效果。生产上也可在干旱地区施药后继续适量喷雾，人为制造高湿环境来提高药效。三是要避免阳光。阳光中的紫外线对芽孢有杀伤作用，阳光直接照射 30 分钟，芽孢可死亡 50％，照射 1 小时则死亡率高达 80％。因为紫外线的辐射对蛋白质晶体也有变形降效作用，所以使用生物农药宜选择下午 4 时以后或阴天全天进行。

4. 物理机械防治法　物理机械防治法是利用各种物理因子如

光、热、电、声、温湿度等对害虫的影响作用，并根据害虫的反应规律防治有害生物的方法。近代物理技术为这类防治法增加了更多的内容。机械防治法则是指包括人工在内的应用器械或动力机具的各种防治措施。

掌握害虫的生物学特性，利用各种物理因子对害虫生长、发育、繁殖和行为活动的影响作用，采取物理或机械的防治措施内容有以下方面：

（1）直接捕杀　根据害虫的栖息地位或活动习性，可直接用人工或用简单器械捕杀。例如人工采卵、摘除虫果、对群集性害虫捕打、对假死习性的害虫如金龟子等打落或震落后捕杀等。

（2）诱集或诱杀　主要是利用害虫的某种趋性或其他特性如潜藏、产卵、越冬等对环境条件的要求，采取适当的方法诱集或诱杀。

5. 化学防治法

利用化学药剂防治害虫的方法称为化学防治法。

（1）化学防治的优点

①高效。用少量的化学杀虫剂可收到良好的杀虫效果。

②使用方便，投资少。

③速效。蚜虫4～5天/代，几秒至几分钟即可杀死。

④杀虫广谱。几乎所有的害虫全可利用杀虫剂来防治。

⑤杀虫剂可以大规模工业化生产，远距离运输，且可长期保存。

（2）化学防治的缺点

①长期广泛使用农药，易造成害虫产生抗性。

②引起环境污染和人畜中毒。

③广谱性杀虫剂在杀死害虫的同时，也杀死天敌，造成主要害虫的再猖獗和次要害虫上升为主要害虫。

（3）化学防治在虫害综合防治中的地位　化学防治在虫害综合防治中的地位不高，其原因是：

①综合防治强调的是自然控制。能自然控制的，达不到危害水

平的，则不需要人工防治，所以自然防治是第一位。

②结合自然控制应用抗虫品种等农业技术或生物防治，它们与自然控制不发生矛盾，可以协调起来，这些在虫害综合防治中居第二位。

③上述方法效果不理想，不能控制虫害的情况下，不能坐视害虫严重危害而不治，只有应用化学防治或生物防治。

6. 虫害综合治理

我国生态学家马世骏教授的定义是：从生物与环境关系的整体观点出发，本着预防为主的指导思想和安全、有效、经济、简易的原则，因地因时制宜，合理运用农业的、生物的、化学的、物理的方法，以及其他有效的生态手段，把害虫控制在不足以危害的水平，以达到保护人畜健康和增产的目的。

（1）虫害综合防治三层次　虫害综合防治的概念与内容，涉及对综合防治的层次水平和阶段性发展要求。国内外在这方面的实践表明，可以将综合防治分为 3 个层次阶段：

①以单一防治对象为内容的综合防治。例如地下害虫的综合治、黏虫的综合防治、裳螟虫的综合防治等。

②以作物为主体的多种防治对象的综合防治。例如水稻病虫害的综合防治、棉花病虫害的综合防治等。目前，国内外的综合防治实践都已开始或进入这一个层次阶段。

③以作物生态区域为基本单元的多种作物、多种防治对象的综合防治。目前，虽然还没有卓有成效的实例，但是随着农业生产的发展，已经提出对这一层次的要求。我国人口众多，平均耕地面积甚少，多种形式的多熟种植制度广泛推行，因此，如何适应这一情况的综合防治研究是极为重要的。

（2）虫害综合治理的特点

①虫害综合治理不要求彻底消灭害虫，允许害虫在受害密度以下的水平继续存在。

②虫害综合治理强调分析害虫危害的经济水平与防治费用的关系。

③虫害综合治理强调各种防治方法的相互配合，尽量采用农业防治、生物防治等措施，而不单独采用化学防治。

④虫害综合治理应高度重视自然控制因素的作用。

⑤虫害综合治理应以生态系统为管理单位。

（3）虫害综合治理方案的设计　农业虫害综合防治方案，应以建立最优的农业生态体系为出发点，一方面要利用自然控制；一方面要根据需要和可能，协调各项防治措施，把害虫控制在危害允许水平以下。虫害综合治理方案的设计应遵循：

①根据当地农业生态系的结构循环的特点，在分析该区域各种生物和非生物各因素相互关系的基础上，特别是耕作制度、作物布局生境适度等特点是设计方案的重要依据。

②根据主要危害的优势种群和关键时期。

③根据作物与害虫的物候期。

④在掌握当地主要害虫和天敌种群发生型的基础上进行准确预测预报。

⑤在搞清单项措施有效作用的基础上，尽可能采取具有兼治效能的措施。

第三讲　农药的种类及应用

一、农药的概念与种类

农药是农用药剂的总称，它是指用于防治危害农林作物及农林产品害虫、螨类、病菌、杂草、线虫、鼠类等有害生物的化学物质，包括提高这些药剂效力的辅助剂、增效剂等。随着科学技术的不断发展和农药的广泛应用，农药的概念和它所包括的内容也在不断地充实和发展。

农药的品种十分繁多，而且，农药的品种还在不断增加。因此，有必要对农药进行科学分类，以便更好地对农药进行研究、使用和推广。农药的分类方法很多，按农药的成分及来源、防治对象、作用方式等都可以进行分类。其中最常用的方法是按照防治对象，将农药分为杀虫剂、杀螨剂、杀菌剂、杀线虫剂、除草剂、杀鼠剂、植物生长调节剂等七大类，每一大类又有分类。

（一）杀虫剂

杀虫剂是用来防治有害昆虫的化学物质，是农药中发展最快、用量最大、品种最多的一类药剂，在我国农药销售额中居第一位。

1. 按成分和来源分类　可分为四类：

（1）无机杀虫剂　以天然矿物质为原料的无机化合物，如硫黄等。

（2）有机杀虫剂　又分为直接由天然有机物或植物油脂制造的天然有机杀虫剂，如棉油皂等；有效成分为人工合成的有机杀虫剂，即化学杀虫剂，如有机磷类的辛硫磷、拟除虫菊酯类的甲氰菊酯（灭扫利）、特异性杀虫剂的灭幼脲等。

（3）微生物杀虫剂　即用微生物及其代谢产物制造而成的一类杀虫剂。主要有细菌杀虫剂如苏云金杆菌（Bt）、真菌杀虫剂如白僵菌等、病毒杀虫剂如核多角体病毒等、生物源杀虫剂阿维菌素和甲维盐等。

（4）植物性杀虫剂　即用植物产品制成的一类杀虫剂，如鱼藤精、除虫菊等。

2. 按作用方式分类　可分为十类：

（1）胃毒剂　药物通过昆虫取食而进入其消化系统发生作用，使之中毒死亡，如毒死蜱等。

（2）触杀剂　药剂接触害虫后，通过昆虫的体壁或气门进入害虫体内，使之中毒死亡，如异丙威等。

（3）熏蒸剂　药剂能化为有毒气体，害虫经呼吸系统吸入后中毒死亡，如敌敌畏等。

（4）内吸剂　药物通过植物的茎、叶、根等部位进入植物体内，并在植物体内传导扩散，对植物本身无害，而能使取食植物的害虫中毒死亡，如吡虫啉等。

（5）拒食剂　药剂能影响害虫的正常生理功能，消除其食欲，使害虫饥饿而死，如拒食胺等。

（6）引诱剂　药剂本身无毒或毒效很低，但可以将害虫引诱到一处，便于集中消灭，如棉铃虫性诱剂等。

（7）驱避剂　药剂本身无毒或毒效很低，但由于具有特殊气味或颜色，可以使害虫逃避而不来危害，如樟脑丸、避蚊油等。

（8）不育剂　药剂使用后可直接干扰或破坏害虫的生殖系统而使害虫不能正常生育，如喜树碱等。

（9）昆虫生长调节剂　药剂可阻碍害虫的正常生理功能，扰乱其正常的生长发育，形成没有生命力或不能繁殖的畸形个体，如灭幼脲等。

（10）增效剂　这类化合物本身无毒或毒效很低，但与其他杀虫剂混合后能提高防治效果，如激活酶细胞修复酶等。

（二）杀螨剂

杀螨剂是主要用来防治危害植物的螨类药剂。根据它的化学成分，可分为有机氯、有机磷、有机锡等几大类。另外，有不少杀虫剂对防治螨类也有一定的效果，如齐螨素、阿维菌素等。

（三）杀菌剂

杀菌剂是用来防治植物病害的药剂，它的销售额在我国仅次于杀虫剂。

1. 按化学成分分类 可分为四类：

（1）天然矿物或无机物质成分的无机杀菌剂，如石硫合剂等。

（2）人工合成的有机杀菌剂，如酸式络氨铜、吗胍铜等。

（3）植物中提取的具有杀菌作用的植物性杀菌剂，如辛菌胺醋酸盐、香菇多糖、大蒜素等。

（4）用微生物或它的代谢产物制成的微生物杀菌剂，又称抗生素，如地衣芽孢杆菌、井冈霉素等。

2. 按作用方式分类 可分为保护剂和治疗剂 2 种：

（1）保护剂 在病原菌侵入植物前，将药剂均匀施在植物表面，以消灭病菌或防止病菌入侵，保护植物免受危害。应该注意，这类药剂必须在植物发病前使用，一旦病菌侵入后再使用，效果很差。如波尔多液、石硫合剂、百菌清、代森锰锌等。

（2）治疗剂 病原菌侵入植物后，这类药剂可通过内吸进入植物体内，传导至未施药的部位，抑制病菌在植物体内的扩展或消除其危害。如酸式络氨铜、辛菌胺、辛菌胺醋酸盐、地衣芽孢杆菌、多抗霉素等。

3. 按施药方法分类 可分为三类：

（1）在植物茎叶上施用的茎叶处理剂，如粉锈宁等。

（2）用浸种或拌种方法以保护种子的种子处理剂，如地衣芽孢杆菌种子包衣剂、拌种灵等。

（3）用来对带菌的土壤进行处理以保护植物的土壤处理剂，如吗啉胍·硫酸铜、五氯硝基苯等。

（四）杀线虫剂

杀线虫剂是用来防治植物病原线虫的一类农药，如线虫磷、硫酸铜等。施用方法多以土壤处理为主。另外，有些杀虫剂也兼有杀线虫作用，如阿维菌素等。

（五）除草剂

除草剂是用以防除农田杂草的一类农药，近年来发展较快，使用较广，在我国农药销售额中居第三位。

1. 按对植物作用的性质分类 可分为两类：无选择性，"见绿都杀"，接触此药的植物均受害致死的灭生性除草剂，如草甘膦、草铵膦等；在一定剂量范围内对植物具有选择性，只毒杀杂草而不伤作物的选择性除草剂，如敌稗等。

2. 按杀草的作用方式分类 也可分为两类：施药后能被杂草吸收，并在杂草体内传导扩散而使杂草死亡的内吸性除草剂，如西玛津、扑草净等；施药后不能在杂草内传导，而是杀伤药剂所接触的绿色部位，从而使杂草枯死的触杀性除草剂，如二苯醚类、唑草酮等。

按除草剂的使用方法还可分为土壤处理剂和茎叶处理剂两类。

（六）杀鼠剂

杀鼠剂是用以防治鼠害的一类农药。杀鼠剂按化学成分可分为无机杀鼠剂和有机合成杀鼠剂（如敌鼠钠盐等）；按作用方式可分为急性杀鼠剂（如安妥等）和作用缓慢的抗凝血杀鼠剂（如大隆等）。

（七）植物生长调节剂

植物生长调节剂是一类能够调节植物生理机能，促进或抑制植物生长发育的药剂。按作用方式可将它分为两类，一类是生长促进剂，如赤霉素、芸薹素内酯、复硝酚钠等；另一类是生长抑制剂，如矮壮素、青鲜素、胺鲜酯等。但应该注意的是，这两种作用并不是绝对的，同一种调节剂在不同浓度下会对植物有不同的作用。

二、农药的剂型及特点

原药经过加工，成为不同外观形态的制剂。外观为固体状态的称为干制剂；外观为液体状态的称为液制剂。制剂可供使用的形态和性能的总和称为剂型。除极少数农药原药（如硫酸铜等不需加工）可直接使用外，绝大多数原药都要经过加工，加入适当的填充剂和辅助剂，制成含有一定有效成分、一定规格的制剂，才能使用。否则就无法借助施药工具将少量原药分散在一定面积上，无法使原药充分发挥药效，也无法使一种原药扩大使用方式和用途，以适应各种不同场合的需要。同时，通过加工，制成颗粒剂、微囊剂等剂型，可使农药耐储藏，不变质，并且可使剧毒农药制成低毒制剂，使用安全。

随着农药加工业的发展，农药剂型也由简到繁。依据农药原药的理化性质，一种原药可加工成一种或多种制剂。目前，世界上已有50多种剂型，我国已经生产和正在研制的有30多种。

（一）粉剂

用原药加上一定量的填充料混合，加工制成的。在质量上，粉剂必须保证一定的粉粒细度，要求95％能通过200目筛分离直径在30微米以下。粉剂的优点是施药方法简易方便，即可用简单的药械撒布，也可混土用手撒施。具有喷撒功效高、速度快、不需要水、不宜产生药害、在作物中残留量较少等优点。用途广泛，可以喷粉、拌种、制毒土、配置颗粒剂、处理土壤等。但它易被风雨吹失，污染周围环境；不易附着植物体表；用量较大；防治果树等高大作物的病虫害，一般不能获得良好的效果。

（二）可湿性粉剂

将原药与填充料、极少量湿润剂按一定比例混合，加工制成的药剂。具有在水溶液中分散均匀、残效期长、耐雨水冲刷、贮运安全方便、药效比同一种农药的粉剂高等特点。适合于兑水喷雾，如多抗霉素可湿性粉剂。

（三）乳油

将原药按一定比例溶解在有机溶剂中，加入一定量的乳化剂而配成的一种均匀油状药剂。乳油兑水稀释后呈乳化状。它具有有效成分含量高、稳定性好、使用方便、耐贮存等特点，其药效比同一药剂的其他剂型要高，是目前最常用的剂型之一，可用来喷雾、泼浇、拌种、浸种、处理土壤等，如阿维菌素乳油等。

（四）颗粒剂

用原药、辅助剂和载体制成的粒状制剂。具有用量少、残效期长、污染范围小、不易引起作物药害和人畜中毒等特点，主要用来撒施或处理土壤，如辛硫磷颗粒剂。

（五）胶悬剂

由原药、载体和分散剂混合制成的药剂。具有有效成分含量高、在水中分散均匀、在作物上附着力强、不易沉淀等特点。可分为水胶悬剂和油胶悬剂，水胶悬剂用来兑水喷雾，如很多除草剂都做成该剂型。油胶悬剂不能兑水喷雾，只有用于超低容量喷雾，如10％硝基磺草酮油胶悬剂。

（六）微胶囊剂

用具有控制释放作用或保护膜作用的物质将原药包裹起来的微粒状制剂。该剂型显著降低了有效成分的毒性和挥发性，可延长残效期。

（七）烟剂

由原药、燃料、助燃剂、阻燃剂按一定比例均匀混合而成。主要用于防治温室、仓库、森林等相对密闭环境中的病虫害。具有防效高、功效高、劳动强度小等优点，如保护地常用的杀虫烟剂——20％异丙威烟剂，食用菌棚室常用的消毒除杂菌的烟剂——10％百菌清烟剂。

（八）超低容量喷雾剂

一般是含农药有效成分20％～50％的油剂，不需稀释，用超低量喷雾工具直接喷洒，如花卉常用的保色保鲜灵等。

（九）气雾剂

将原药分散在发射剂中，从容器的阀门喷出并分散成细物滴或微粒的制剂。主要用于室内防治卫生害虫，如灭害灵等。

（十）水剂

将水溶性原药溶于水中而制成的匀相液体制剂。使用时再兑水稀释，如杀菌剂酸式络氨铜、辛菌胺等。

（十一）种衣剂

用于种子处理的流动性黏稠状制剂，或水中可分散的干制剂，兑水后调成浆状。该制剂可均匀涂布于种子表面，溶剂挥发后，在种子表面形成一层药膜，如防治小麦全蚀病的地衣芽孢杆菌包衣剂。

（十二）毒饵

将农药吸附或浸渍在饵料中制成的制剂，如多用于杀鼠剂。

（十三）塑料结合剂

随着塑料薄膜覆盖技术的推广，出现了具有除草作用的塑料薄膜，而且具有缓释作用。其制备方法是直接把药分散到塑料母体中，加工成膜，也可以把药聚合到某一载体上，然后将其涂在膜的一面。

（十四）气体发生剂

由组分发生化学变化而产生气体的制剂。如磷化铝片剂，可与空气中的水分发生反应，而产生磷化氢气体。可用于防治仓储害虫。

在实际生产中，要考虑高效、环保、安全、好用等因素，确定生产剂型的一般原则是：能生产成可溶粉的不做成水剂，能生产成水剂的不做成可湿性粉剂，能生产成可湿性粉剂的不做成乳油；选择填料时能用水不用土，能用土不用有机溶剂等。

三、农药的应用

（一）农药使用基本原则

使用农药防治病、虫、草、鼠害，必须做到安全、经济、有效、简易。具体应掌握以下几个原则：

1. 选用对口农药 各种农药都有自己的特性及各自的防治对象，必须根据防治对象选定对它有防治效果的农药，做到有的放矢，药到病除。

2. 按照防治指标施药 每种病虫害的发生数量要达到一定的程度，才会对农作物的危害造成经济上的损失。因此，各地植保部门都制定了当地病、虫、草、鼠的防治指标。如果没有达到防治指标就施药防治，会造成人力和农药的浪费；如果超过了防治指标再施药防治，就会造成经济上的损失。

3. 选用适当的施药方法 施药方法很多，各种施药方法都有利弊，应根据病虫的发生规律、危害特点、发生环境、农药特性等情况确定适宜的施药方法。如防治地下害虫，可用拌种、拌毒土、土壤处理等方法；防治种子带菌病害，可用药剂处理种子或温汤浸种等方法；用对种子胚芽比较安全的地衣芽孢杆菌拌种，既能直接对种子表面消毒，又能在种子生根发芽时代谢高温蛋白因子，对作物二次杀菌和增加免疫力等。

由于病虫危害的特点不同，施药具体部位也不同，如防治棉花苗期蚜虫，喷药重点部位在棉苗生长点和叶被；防治黄瓜霜霉病时，着重喷叶背；防治瓜类炭疽病时，叶正面是喷药重点。

4. 掌握合理的用药量和用药次数 用药量应根据药剂的性能、不同的作物、不同的生育期、不同的施药方法确定。如棉田用药量一般比稻田高，作物苗期用药量比生长中后期少。施药次数要根据病虫害发生时期的长短、药剂的持效期及上次施药后的防治效果来确定。

5. 轮换用药 对一种防治对象长期反复使用一种农药，很容易使防治对象对这种农药产生抗性，久而久之，施用这种农药就无法控制该防治对象的危害。因此，要轮换、交替施用对防治对象作用不同的农药，以防抗性的产生。另外，也要搞好安全用药，合理的混用农药。

（二）农药使用方法

1. 喷雾　喷雾是利用喷雾器械把药液物滴均匀地喷洒到防治对象及寄主体上的一种施药方法，这是农药最常用的使用方法。喷雾法具有喷洒均匀、黏着力强、不易散失、残效持久、药效好等优点。根据每亩喷施药液量的多少，可将喷雾分为常量喷雾、低容量喷雾、超低容量喷雾。如用喷雾法杀虫、防病治病、调节常常是一次进行。

2. 喷粉　喷粉是利用喷粉器械将粉剂农药均匀地分布于防治对象及其活动场所和寄主表面上的施药方法。喷粉法的优点是使用简便，不受水源限制，防治功效高；缺点是药效不持久，易冲刷，污染环境等。

3. 种子处理　种子处理是通过浸种或拌种的方法来杀死种子所带病菌或处理种苗使其免受病虫危害。该方法具有防效好、不杀伤天敌、用药量少、对病虫害控制时间长等优点。如用地衣芽孢杆菌对小麦种子包衣。

4. 土壤处理　把杀虫剂敌百虫等农药均匀喷洒在土壤表面，然后翻入或耙入土中，或开沟施药后再覆盖上。土壤处理主要用来防治小麦吸浆虫、地下害虫、线虫等；用呋胍·硫酸铜处理土壤传播的病害、用除草剂处理杂草的萌动种子和草芽等。

5. 毒饵　毒饵是利用粮食、麦麸、米糠、豆渣、饼肥、绿肥、鲜草等害虫、害鼠喜吃的饵料，与具有胃毒作用的农药按一定比例拌和制成。常在傍晚将配好的毒饵撒施在植物的根部附近或害虫、害鼠经常活动的地方。

6. 涂抹法　将农药涂抹在农作物的某一部位上，利用农药的内吸作用，起到防治病虫草害以及调节作物生长的效果。涂抹法可分为点心、涂花、涂茎、涂干等几种类型。例如用络氨铜涂抹树干防治干腐病、枝腐病等。

7. 熏蒸法　指利用熏蒸剂或容易挥发的药剂所产生的毒气来杀虫灭菌的一种施药方法，适用于仓库、温室、土壤等场所或作物茂密的情况，具有防效高、作用快等优点。

8. 熏烟法 利用烟剂点烟或利用原药直接加热发烟来防治病虫的施药方法，适合在密闭的环境（如仓库、温室）或在郁闭度高的情况（如森林、果园）以及大田作物的生长后期使用。药剂形成的烟雾毒气要有较好的扩散性和适当的沉降穿透性，空间停留时间较长，又不过分上浮飘移，这样才能取得好的效果。选择作烟剂的原药熔点在 300℃以上，在高温下要保持药效，如异丙威烟剂和百菌清烟剂。

（三）农药的毒性及预防

1. 农药的毒性 绝大多数农药都是有毒的化学物质，既可以防治病虫害，同时对人畜也有毒害。

农药进入人畜体内有 3 条途径：

①经口腔进入消化道。一般是误食农药或农药污染的食品而造成的。

②经皮肤浸入。一般是直接接触农药或农药污染的衣服、器具而造成的。

③吸收农药的气体、烟雾、雾滴和粉粒而造成的。

通常将上述 3 种分别称为口服毒性、经皮毒性和呼吸毒性。另外，根据农药毒性的大小和导致中毒时间的长短，将农药毒性分为急性毒性、亚急性毒性和慢性毒性。

近几年，随着对农药残留和毒性的研究，人们对农药毒性的评价有了新的认识，对其毒性不只看急性口服毒性的大小，而主要看它是否易于在自然界消失、是否在生物体内浓缩积蓄为主要指标。原因是有些农药虽然口服毒性高，但接触毒性低，使用比较安全，即使是使用不安全的农药，也可以通过安全操作措施来避免发生中毒事故。而具有慢性毒性的农药，因其急性毒性较低，常被人们所忽视，但对人畜的潜在威胁较大，且使用时又无法避免对环境及人体的接触，因此，近年来，国内外对慢性毒性高农药的使用给予高度的重视。

2. 农药毒性的预防 在农药的运输、保管和使用过程中，要认真学习农药安全使用的有关规定，采取相应的预防措施，防止农药中毒事故的发生。

（1）农药搬运中的预防措施

①搬运前，首先要检查包装是否牢固，发现破损要重新包装好，防止农药渗透或沾染皮肤。

②在搬运过程中和搬运之后，要及时洗净手、脸和被污染的皮肤、衣物等。

③在运输农药时，不得与粮食、瓜果、蔬菜等食物和日用品混合装载，运输人员不得坐在农药的包装物上。

（2）农药保管中的预防措施

①保管剧毒农药，要有专用库房或专用柜并加锁；绝对不能和食物、饲料及日用品混放在一起。农户未用完的农药，更应注意保管好。

②保管要指定专人负责，要建立农药档案，出入库要登记和办理审批手续。

③仓库门窗要牢固，通风透气条件要好；库房内不能太低洼，严防雨天进水和受潮。

（3）施药过程中的预防措施

①检查药械有无漏水、漏粉现象，性能是否正常。发现有损坏或工作性能不好，必须修好后才能使用。

②配药和拌种时，要有专人负责，在露天上风处操作，以防吸入毒气或药粉。配药时，应该用量筒、量杯、带橡皮头的吸管量取药液。拌种时，必须用工具翻拌，严禁直接用手操作。

③配药和施药人员要选身体健康的青壮年。凡年老多病、少年和"三期"（即月经期、孕期和哺乳期）妇女不能参加施药工作。

④在施药时，要穿戴好工作服、口罩、鞋帽、手套、袜子等，尽量不使皮肤外露。

⑤在施药过程中禁止吸烟、喝水、吃东西，禁止用手擦脸、揉眼睛。

⑥施用药的田块要做好标记，禁止人畜进入。对施药后剩余的药液等，要妥善处理；对播种后剩余的药种，严禁人畜食用。

⑦施药结束后，必须用肥皂洗净手和脸，最好用肥皂洗澡。污染的衣服、口罩、手套等，必须及时用肥皂或碱水浸泡洗净。

⑧用过的药箱、药袋、药瓶等，应集中专人保管或深埋销毁，严禁用来盛装食用品。

四、农药污染与防控

(一) 农药的污染

农药在农业生产中极大地提高了农产品产量，为日益增长的世界人口提供了丰富的食品。但同时农药又是一类有毒的化学品，尤其是有机氯农药，有机磷农药，含铅、汞、砷、镉等物质的金属制剂，以及某些特异性的除草剂的大量使用造成的农药残留带来了严重的环境污染。

1. 农药污染的概念　农药是一把双刃剑，一方面它为人类战胜农作物病虫害功不可没；另一方面它对环境的污染和人类的危害也令人担忧。农药污染是指农药中原药和助剂或其有害代谢物、降解物对环境和生物产生的污染。农药及其在自然环境中的降解产物，污染大气、水体和土壤，会破坏生态系统，引起人和动、植物的急性或慢性中毒。农药的大量不合理施用，造成了土壤污染，严重影响了人类的身体健康。土壤农药污染是由不合理施用杀虫剂、杀菌剂及除草剂等引起的。施于土壤的化学农药，有的化学性质稳定，存留时间长。大量而持续施用农药，使其不断在土壤中积累，到一定程度便会影响作物的产量和质量，而成为土壤污染物。另外，农药还可以通过各种途径，如挥发、扩散而转入大气、水体和生物中，造成其他环境要素污染，通过食物链对人体产生危害。

2. 农药污染的方式

(1) 无机农药污染　我国早期使用的无机农药主要有无机氯农药、含汞杀菌剂和含砷农药。无机氯农药主要有六六六（HCH）和滴滴涕（DDT），这些化合物性质稳定，降解时间长毒性大，目前已被禁用。含汞杀菌剂如升汞、甘汞等，它们会伤害农作物，因而一般仅用来进行种子消毒和土壤消毒。汞制剂一般性质稳定，毒性较大，在土壤和生物体内残留问题严重，在中国、美国、日本、瑞典等许多国家已禁止使用。含砷农药为亚砷酸（砒霜）、亚砷酸钠等亚砷酸类化合物，以及砷酸铅、砷酸钙等砷酸类化合物。亚砷酸类化合物对植物毒性大，曾被用作毒饵以防治地下害虫。砷酸类化合物曾广泛用于防治咀嚼式口器害虫，但也因防治面窄、药效低等原因，而被有机杀虫剂所取代。

（2）有机农药污染　我国是农药生产和使用的大国，农药品种有120多种，大多为有机农药。田间施药大部分农药将直接进入土壤；蒸发到大气中的农药及喷洒附着在作物上的农药，经雨水淋洗也将落入土壤中，污水灌溉和地表径流也是造成农药污染土壤的原因。我国平均每年每亩农田施用农药0.927千克，比发达国家高约1倍，利用率不足30%，造成土壤大面积污染。有机农药按其化学性质可分为有机氯类农药、有机磷类农药、氨基甲酸酯类农药和苯氧基链烷酸酯类农药。前两类农药毒性巨大，且有机氯类农药在土壤中不易降解，对土壤污染较重，目前部分已经禁用，有机磷类农药虽然在土壤中容易降解，但由于使用量大，污染也很广泛，目前部分已经禁用。后两类农药毒性较小，在土壤中均易降解，对土壤污染小。

（3）农药包装物的污染　农药是现代农业生产的基本生产资料，随着农药使用范围的扩大和使用时间的延长，农药包装废弃物已成为又一个不可忽视的农业生态污染源。农药包装物包括塑料瓶、塑料袋、玻璃瓶、铝箔袋、纸袋等几十种包装物，其中，有些材料需要上百年的时间才能降解。此外，废弃的农药包装物上残留不同毒性级别的农药本身也是潜在的危害。农药包装废弃物的危害来自于2个方面：

① 包装物自身对环境的危害。包装物自身以玻璃、塑料等材质为主，这些材料在自然环境中难以降解，散落于田间、道路、水体等环境中，造成严重的视觉污染；在土壤中形成阻隔层，影响植物根系的生长扩展，阻碍植株对土壤养分和水分的吸收，导致田间作物减产。在耕作土壤中影响农机具的作业质量，进入水体造成沟

渠堵塞；破碎的玻璃瓶还可能对田间耕作的人畜造成直接的伤害。

② 包装物内残留农药毒性危害。残留农药随包装物随机移动，对土壤、地表水、地下水和农产品等造成直接污染，并进一步进入生物链，对环境生物和人类健康都具有长期的和潜在的危害。

农药废弃包装物对食品安全、生态安全，乃至公共安全存在隐患。在大力消除餐桌污染，提倡食品安全，发展可持续农业的今天，人类在享受化学农药各植物保护带来巨大成果的同时，必须规避其废弃包装物导致的污染。

3. 农药对环境的污染

（1）农药对土壤的污染　土壤是农药在环境中的储藏库与集散地，施入农田的农药大部分残留于土壤环境介质中。经有关研究表明，使用的农药，80％～90％的量最终进入土壤。土壤中的农药主要来源于农业生产过程中防治农田病、虫、草害直接向土壤使用的农药；农药生产、加工企业废气排放和农业上采用喷雾时，粗雾粒或大粉粒降落到土壤上；被污染植物残体分解以及随灌溉水或降水带入到土壤中；农药生产、加工企业废水、废渣向土壤的直接排放以及农药运输过程中的事故泄漏等。进入土壤中的农药将被土壤胶粒及有机质吸附。土壤对农药的吸附作用降低土壤中农药的生物学活性，降低农药在土壤中的移动性和向大气中的挥发性。同时它对农药在土壤中的残留性也有一定影响。农田土壤中残留的农药可通过降解、移动、挥发以及被作物吸收等多种途径逐渐从土壤中消失。

（2）农药对水的污染　农药对水体的污染主要来源于：直接向水体施药；农田施用的农药随雨水或灌溉水向水体的迁移；农药生产、加工企业废水的排放；大气中的残留农药随降雨进入水体；农药使用过程，雾滴或粉尘微粒随风飘移沉降进入水体以及施药工具和器械的清洗等。据有关资料表明，目前，在地球的地表水域中，基本上找不到一块干净的、不受农药污染的水体了。除地表水体以外，地下水源也普遍受到农药的污染。一般情况下，受农药污染最严重的农田水，浓度最高时可达到每升数十毫克数量级，但其污染范围较小；随着农药在水体中的迁移扩散，从田沟水至河流水，污染程度逐渐减弱，但污染范围逐渐扩大；自来水与深层地下水，因经过净化处理或土壤的吸附作用，污染程度减轻；因海水巨大水域的稀释作用，其污染最轻。不同水体遭受农药污染程度的次序依次为：农田水＞河流水＞自来水＞深层地下水＞海水。

（3）农药对大气的污染 农药对大气的污染途径主要来源于地面或飞机喷雾或喷粉施药；农药生产、加工企业废气直接排放；残留农药的挥发等，大气中的残留农药漂浮物或被大气中的飘尘所吸附，或以气体与气溶胶的状态悬浮于空气中。空气中残留的农药，将随着大气的运动而扩散，使大气的污染范围不断扩大，一些高稳定性的农药，如有机氯农药，进入大气层后传播到很远的地方，污染区域更大。

4. 农药对生物的危害 农药的污染破坏生态平衡，生物多样性受到威胁：农药的大量使用，尤其是高毒农药的使用，打破自然界中害虫与天敌之间原有的平衡。不合理的施用农药，同时毒杀害虫与非靶生物，农药施用后，残存的害虫仍可依赖作物为食料，重新迅速繁殖起来，而以捕食害虫为生的天敌，在施药后害虫未大量繁殖恢复以前，由于食物短缺，其生长受到抑制，在施药后的一段时期内，就可能发生害虫的再度猖獗。农药的反复使用，在食物链上传递与富集，导致种群衰亡，对生物多样性造成严重危害，直接威胁整个生态系统平衡。此外，农药残留超标导致农产品出口创汇受挫，农药中毒，各种污染事故的发生，还给国民经济造成巨大损失。

（1）农药对人体健康的影响 随着人类社会的发展，科学技术水平的提高，化学品对人们生活的影响越来越大。毫无疑问，农药的使用给人们带来了许多好处，但同时也给人类带来了许多不利的影响。农药对人体的危害表现为急性和慢性2种。急性危害中，不同农药中毒以后，有不同的体征反应。据有关部门的不完全统计，我国每年发生的农药中毒事故有几万起，死亡人数较多。农药对人体慢性危害引起的细微效应主要表现在：对酶系的影响；组织病理改变；致癌、致畸和致突变3个方面。农药对人体的急性危害往往易引起人们的注意，而慢性危害易被人们所忽视。值得注意的是，因食用农药残留超标的蔬菜中毒的现象不断发生，原因是一些地方违反农药的有关规定，未安全合理使用农药，特别是使用了一些禁止在蔬菜上使用的高毒，甚至剧毒农药。致使上市蔬菜等农药残留严重超标，发生食物中毒。此外，近年来，农药中毒由农民生产性中毒、误服、自杀扩大到学校、工厂、工地及普遍居民食物中毒等，危害有进一步扩大的趋势。

（2）农药对生物多样性的影响　农药作为外来物质进入生态系统，可能改变生态系统的结构和功能，影响生物多样性，这些变化和影响可能是可逆的或不可逆的。并且由于食物链的富集作用，只要农药普遍污染了环境，尽管初始含量并不高，但它们可以通过食物链传递，在生物体内逐渐积累增加，愈是上面的营养级，生物体内有毒物质的残留浓度愈高，也就越容易造成中毒死亡。人处于营养食物链的终端，因此，农药污染环境的后果是将对人体产生危害，在自然界中，许多野生动物（主要是鸟类）的死亡，往往是浓缩杀虫剂后累积中毒致死的。使用农药，特别是广谱杀虫剂不仅能杀死诸多害虫，同样也杀死了益虫和害虫天敌，昆虫是地球上数量最多的生物种群，全世界大约有100多万种昆虫，其中对农林作物和人类有害的昆虫只有数千种。真正对农林业能造成严重危害的，每年需要防治和消灭的仅有几百种。因此，使用农药杀伤了大量无害的昆虫，不仅破坏了构成生态系的种间平衡关系，而且使昆虫多样性趋于贫乏。同时，进入土壤中的农药能杀死某些土壤中的无脊椎动物，使其数量减少，甚至种群濒临灭绝。

（二）农药污染的防控

自我国实施"预防为主，综合防治"的植保方针以来，在病虫害防治上取得了一定的成效，但控制化学农药对环境污染的任务仍相当艰巨，必须实施持续植保，针对整个农田生态系统，研究生态种群动态和相关联的环境，采用尽可能相互协调的有效防治措施，充分发挥自然抑制因素的作用，将有害生物群控制在经济损害水平以下，使农药对农田生态系统的不良影响减少到最低限度，以获得最佳的经济、生态、社会效益。

1. 提高全民对农药危害的认识 农药是有毒的，但并不可怕，可怕的是人们对它的无知；农药本身没有错，错就错在人们对它的滥用和不合理使用，引起环境的污染。因此，提高全民对这一问题的认识，能够正确、科学、合理地使用农药是解决农药污染问题的重要基础，要经常开展最广泛的群众宣传教育，提高全民的生态环境保护意识，使人们真正认识到农药污染的严重危害性，不仅是关系到当代人的问题，也是影响子孙后代的问题，让全人类都投入到保护生态环境的活动中，这样，解决农药污染的问题便有了希望。

2. 加强农药的管理工作，认真贯彻和完善相应的法律法规
运用法律武器，对农药的生产制造、销售渠道、使用全过程进行有效管理。禁止农药经营者销售无"三证"（即农药登记证、产品标准证、生产许可证）的农药产品。凡销售无"三证"农药的经营者，依照刑法关于非法经营者罪或者危险物品肇事罪的规定，依法追究刑事责任；不够刑事处罚的，由相应主管部门按照有关规定给予处罚。对制造、销售假农药、劣质农药的经营者，依照有关法律法规追究刑事责任或给予处罚。农业生产经营者，应严格按照农药使用说明书中的要求进行合理施药（特别是进行蔬菜生产时），如不按规定用药而造成食物中毒事件或污染环境的，依照有关条例追究刑事责任或给予处罚。而对于农药的开发利用方面，为保护生态环境方面做出了贡献的，国家和政府应当给予表彰和奖励。

3. 农药新品种的开发 用安全、高效、污染性小的农药取代当前使用的农药品种，是解决农药环境污染问题的关键所在。要求开发的农药新品种在性能、价格、安全性等方面优于当前正在使用的农药，新农药的开发应从环境相容性好，农药好、活性高、安全性好、市场潜力大等方面来考虑，并且应特别注意引进生物技术开发生物农药，从而使新农药的使用对环境中非靶生物影响小，在大气、土壤、水体、作物中易于分解、无残留影响；用量少，对环境污染也少，在动物体内不累积迅速代谢排出，且代谢产物也无毒性，无致癌、致畸、致突变的潜在遗传毒性。

4. 农药生产过程中的污染控制　针对农药生产过程每个生产环节产生的废气、废水和废渣的性质，应用相应的物理、化学、生物等方法处理，达标后方能排放。建议加快无废或少废生产工艺的开发研究，从改革工艺入手，提高产品回收率，减少污染物的排放，从根本上解决污染问题；加强综合利用研究，合理利用资源；加强企业技术改造，更新落后的生产工艺和设备，对落后的生产工艺和设备，应加快改造进程，对污染严重又无治理条件的中、小型企业实行关、停、并、转，严格限制农药的设计规模，逐步实现大型化、集中化生产。

5. 农业生产过程中的污染控制

（1）提高农业生产经营者的技术技能　农业生产过程中首先要对广大的生产经营者进行培训，使它们能正确、合理地使用化学农药来进行作物病虫害的防治，进行规范化生产，既能把农药污染控制在最低范围内，又能达到无公害化，实现生产效益、社会效益与经济效益的统一。

（2）综合防治病虫害　农业生产过程中对病虫害的防治按照"以防为主，综合防治"的植保方针，坚持"农业防治、物理防治、生物防治为主，化学防治为辅"的无害化治理原则。进一步改进栽培技术、改良品种，生产中选用抗病品种，针对当地主要病虫控制对象，选用高抗的品种，实行严格轮作制度，有条件的地区实行水旱轮作。培育适龄壮苗，提高抗逆性，深沟高畦栽培，严防积水、清洁田园。测土平衡施肥，增施充分腐熟的有机肥，少施化肥，积极保护利用天敌，采用生物药剂和生物源农药防治病虫害。

（3）推广作物健身栽培　植物体在作物丰产营养学观点指导下，从栽培措施入手，使植物生长健壮，综合运用生态学观点，有利天敌的生存繁衍，而不利于病虫的发生。这是目前在植物病虫防治上的新特点，也是保护利用自然控制因素的基础。充分运用肥料学、土壤学、植物生理学、植物营养学和生态学的观点和最新技术理论，综合解决作物自身以及自身与周边环境的协调，以达到有利于作物最优的环境生长条件，从而获得作物最优的生长和积累。

五、常用农药性质与使用方法介绍

（一）杀菌剂类农药

1. 络氨铜　属直接性杀菌剂。

（1）理化性质、杀菌机理与剂型　络氨铜是一种由硫酸四氨合铜和其他络合物的混合制剂，既是一种广谱性有机铜类杀菌剂，又是一种植物生长激素。对人、畜低毒，具有保护和渗透作用，主要通过铜离子发挥杀菌作用，铜离子与病原菌细胞膜表面上的钾离子、氢离子等阳离子交换，使病原菌细胞膜上的蛋白质凝固，同时部分铜离子渗入病原菌细胞内与某些酶结合，影响其活性，从而抗病治病和增产。

剂型有25%络氨铜水剂。因络合剂不同，分为酸式络氨铜和碱式络氨铜；二者杀菌效果不分上下，酸式络氨铜能在花期和作物苗期混用，能与酸性、中性、弱碱性农药混用，且不会产生药害；碱式络氨铜在作物花期必须慎用，易产生药害，不能与酸性农药农肥混用（为了适应作物，多数农药为酸性），混用时易出现拮抗，影响使用效果。

（2）防治对象与使用方法　本药剂可防治多种作物病害，使用方法为喷雾、涂抹、灌根和拌种。

喷雾：用25%水剂300～450倍液，于发病初期喷洒叶面，可防治黄瓜角斑病、番茄疫病、芹菜褐斑病、稻曲病和瓜类炭疽病、霜霉病、枯萎病等。防治水稻纹枯病最佳使用期为初发期，病情连续发生可连续使用。以下午4时后喷药为宜，喷后4小时内遇雨应重喷。

涂抹：对苹果腐烂病，于发病初期刮去病斑，涂抹10～20倍液。

灌根：用25%水剂300～600倍液灌根，每株（穴）250～500克稀释药液，可防治西瓜、黄瓜枯萎病。

淋茎基：用25%酸式络氨铜兑水500倍，把喷头去掉，用喷杆喷淋茎基，治疗细菌性基腐病、根腐病、重茬死棵病等。喷淋病株时数"1、2、3、4、5、6"6个数确定用量，喷淋健株时数"1、2、3"3个数用量减少，省工省时，药液直接接触病灶，效果明显，比传统灌根效果好。

（3）注意事项

①在水稻上安全使用间隔期7天，每个作物周期的最多使用次数为2～3次。

②酸式络氨铜不宜与汞制剂、碱性化肥混用；能与酸性或中性农药农肥等混用。碱式络氨铜不宜与汞制剂、酸性农药农肥混用，易发生拮抗。

③当水稻发育到破口期、扬花期时，禁止用碱式络氨铜；酸式络氨铜很安全，但扬花期用时不要用机动喷雾机，以免冲击力太大影响受粉，最好用手动喷雾器。

④对鱼类等水生物有毒，应远离水产养殖区施药，禁止在河塘等水体中清洗施药器具。

⑤药品置于阴凉通风干燥处，避光保存。

⑥误食引起急性中毒，表现为头痛、头晕、乏力、口腔黏膜呈蓝色、口有金属沫、齿龈出血、舌发青、腹泻、腹绞痛、黑大便、患者昏迷、痉挛、血压下降等，经口中毒，立即催吐、洗胃，解毒剂为依地酸二钠钙，并配合对症治疗。

2. 百菌清

（1）理化性质、杀菌机理与剂型　百菌清是一种高效、低毒、低残留、广谱性、非内吸杀菌剂。纯品为白色结晶体，无臭味，工业品稍有刺激性臭味。不溶于水，溶于有机溶剂。在常温和高温下稳定，耐雨水冲刷，不耐强碱，对人、畜毒性较小，对鱼类毒性大，但对蚕安全。能与真菌细胞中的3-磷酸甘油醛中的半胱氨酸的蛋白质结合，破坏细胞的新陈代谢而丧失生命力。其烟雾能快速杀死鞭毛真菌。

剂型有75%可湿性粉剂、4%粉剂、10%油剂、10%和45%烟剂、5%粉尘剂。

（2）防治对象与使用方法　百菌清能用于防治除敏感作物以外的多种蔬菜、果树病害。主要使用方法为叶面喷雾、喷粉和烟剂熏蒸。

①用75％可湿性粉剂400～500倍液喷雾，可防治番茄晚疫病、灰霉病、早疫病、叶霉病、斑枯病、炭疽病等。

②用75％可湿性粉剂600倍液喷雾，可防治苹果白粉病、炭疽病、黑星病、早期落叶病。

③防治其他作物病害：用75％可湿性粉剂500～800倍液喷雾，可防治小麦叶锈病、赤霉病、白粉病；玉米大斑病；水稻稻瘟病；花生锈病、叶斑病；豆类锈病、炭疽病。

④烟剂治疗霜霉病初发期施药最佳，病情严重时可连续用药3次。使用时应根据棚室大小均匀布点，每亩大棚可设4～6个放烟点，由里向外逐个点燃，放烟后，应关闭棚室，放烟6小时后开门窗通风。施药量要根据棚室高度和虫害发生情况酌情增减。点燃时要放在瓦片上，以免土面潮湿燃烧不完，并离植株有一定距离。在保护地黄瓜上安全使用间隔期为10天。每个作物周期的最多使用次数为3次。

⑤对蚕安全，与代森锌混用，可防治家蚕的酵母霉病、由僵病、黄僵病、绿僵病、黑僵病。

（3）注意事项

①不得与碱性药物混用。

②药液及药具、药械洗涤水应避免污染河流、鱼塘，以免毒杀鱼类。

③因药剂对人体皮肤、黏膜有一定刺激作用，施药时应注意保护。

④与杀螟混用，桃树易发生药害；与克螨特、三环锡等混用，茶树会产生药害。勿吸食。

⑤烟剂药品置于阴凉通风干燥处，避免受潮，远离火源，放置儿童触摸不到的地方。

⑥无全身中毒报道，皮肤、眼黏膜和呼吸道受刺激引起结膜

炎和角膜炎，炎症消退较慢，应对症治疗。误服立即催吐、洗胃。

3. 井冈·多菌灵

（1）理化性质、杀菌机理与剂型　多菌灵纯品为白色结晶，其工业品为浅棕色粉末，几乎不溶于水和一般有机溶剂，可溶于稀无机酸和有机酸，形成相应的盐。多菌灵对热稳定，对酸、碱不稳定。

井冈霉素具有很强的内吸性，并可被菌丝体迅速吸收而起治疗作用。耐雨水冲刷，喷药后 2 小时降雨对防效无明显影响，残效期15～20 天。在植物任何生育期用药，均无药害。

井冈·多菌灵将化学农药和抗生素类农药有效地混配在一起，配方科学合理，作用机制多，该药品被菌体细胞吸收后，能够有效地干扰、抑制菌体的有丝分裂及细胞正常的生长发育，从而达到系统的治疗和保护作用。

井冈·多菌灵为 28％悬浮剂（多菌灵含量 24％、井冈霉素含量 4％）；井冈霉素剂型有：2％、3％、5％水剂，3％、4％、5％、12％、15％、17％、20％可湿性粉剂，0.33％粉剂；多菌灵剂型有40％悬浮剂，25％、50％可湿性粉剂。

（2）防治对象与使用方法　多菌灵是一种高效低毒内吸性杀菌剂，具有保护和治疗作用，残效期长，可用于防治麦类赤霉病，禾谷类黑穗病，棉花苗期病害，油菜菌核病，甘薯黑斑病，花生立枯病、茎腐病、根腐病、番茄早疫病以及食用菌、果树的多种病害。

井冈·多菌灵可有效防治芝麻叶枯病、茎枯病、青枯病、黄枯萎病、白粉病、黑茎病、黑点缘枯病、生长点勾头病毒病、疫病；花生、大豆叶斑病、根颈基腐病、白绢病、炭疽病、死棵病；玉米茎基腐病、黄纹矮缩病、干尖死棵病、黑粉病；薯类、山药糊头病、黑斑病、疫病、根腐病等。

①井冈·多菌灵防治稻瘟病，亩用 100～125 克兑水 60 千克喷雾。

②多菌灵防治作物病害，亩用 25％可湿性粉剂 130 克或 50％

可湿性粉剂 65 克，兑水 60 千克喷雾。

③50％可湿性粉剂 200 克兑水 4 千克，可拌麦种 100 千克；50％可湿性粉剂 50 克或 40％悬浮剂 50～60 毫升，兑水 5 千克拌花生种 50 千克。

④50％可湿性粉剂 200 克兑水 12.5 千克，浸棉种 12.5 千克，浸 24 小时防治棉花病害；50％可湿性粉剂 50 克或 40％悬浮剂 50～60 毫升，兑水 40 千克，浸薯块 5 分钟预防薯类病害。

（3）注意事项

①不能与碱性农药混用，与杀虫、杀螨剂混用应随配随用。

②不能与含铜制剂农药混用，不要长期单一用多菌灵，也不能与硫菌灵、苯菌灵等有交互抗性的杀菌剂交替使用。

③井冈·多菌灵在贮存过程中可能有分层现象，摇匀后不影响药效。

④水稻收获前 30 天、小麦收获前 20 天停止用药。喷药后 3 小时遇雨需重喷。

⑤勿入口。误服中毒立即送医院对症治疗。

4. 稻瘟灵

（1）理化性质、杀菌机理与剂型　稻瘟灵为内吸治疗杀菌剂，主要抑制稻瘟病菌丝的形成，使病菌不能侵入，对已侵入的病菌丝能使其死亡，抑制病斑上分生孢子的形成，内吸性强且能双向传导，水稻叶片吸收的药液能输导施药后长出的新叶片内，水稻根吸收的药剂能输导到叶片和穗轴部分，从而发挥防病治病效果。用于水稻稻瘟病防治。

主要剂型有 30％乳油。

（2）防治对象与使用方法　防治稻叶瘟病于发病前或初发期施药，每亩用药 100～150 毫升，兑水 70 千克喷雾，必要时隔 10～14 天再施一次。防治穗颈瘟在水稻始穗期、齐穗期，各用药 1 次，施药时注意均匀喷雾。

稻瘟灵在储藏过程中可能有分层现象，摇匀后不影响药效，使用前请摇匀。大风天或预计 1 小时内有雨，请勿施药。

（3）注意事项

①稻瘟灵在水稻上安全使用间隔期早稻 14 天，晚稻 28 天。每个作物周期的最多使用次数为早稻 3 次，晚稻 2 次。使用时注意与其他不同机制的杀菌剂混用或轮用，防止产生抗药性。

②稻瘟灵对鱼类有毒，施药时防止污染鱼塘等水产养殖区，禁止在河塘等水体中清洗施药器具。使用过后的容器和包装物应妥善处理，不可做他用。

③禁止与强碱性物质混用。

④药品置于阴凉通风干燥处，避光保存。放置儿童触摸不到的地方。勿与食品、饲料同运同贮，远离火源。

⑤稻瘟灵低毒，误服用盐水洗胃，保持安静，并立即送医院治疗，可采用一般含硫化合物的药物治疗。

5. 烯唑醇

（1）理化性质、杀菌机理与剂型　烯唑醇是一种三唑类杀菌剂，具有治疗作用，在真菌的麦角甾醇生物合成中抑制 14α -脱甲基化作用，引起麦角甾醇缺乏，导致真菌细胞膜不正常，最终杀灭真菌。

主要剂型有 12.5％ 可湿性粉型。

（2）防治对象与使用方法　该药品能有效防治小麦白粉病。建议在小麦白粉病发病初期喷雾施药，隔 7～10 天施药 1 次，连续用药 2～3 次。对瓜类敏感，瓜类花期慎用。每亩每次用药 32～64克，兑水 70 千克喷雾。

（3）注意事项

①在小麦上安全使用间隔期为 21 天。每个作物周期的最多使用次数为 2 次。忌与碱性物质混用。

②用药时禁止吸烟和饮食，药后需用肥皂水洗净裸露皮肤和工作服。

③施药时应避开作物扬花期，禁止在池塘、河流等水域清洗施药器械。

④孕妇和哺乳期妇女禁止接触本品。

⑤该药品低毒，如药剂污染皮肤，应用肥皂水和清水清洗干净；如药液溅入眼睛，应用大量清水冲洗，仍有刺激感觉时，应请眼科医生治疗。发生吸入，应立即将吸入者转移到空气新鲜处。如误食中毒，应立即催吐、洗胃，并送当地医院对症治疗。

6. 地衣芽孢杆菌

（1）理化性质、杀菌机理与剂型　地衣芽孢杆菌又名地芽菌，为微生物杀菌剂。地衣芽孢杆菌种子包衣剂采用地衣芽孢杆菌、阿维菌素、生根粉、激活酶、细胞修复酶、植酶膜及进口助剂精制成。地衣芽孢杆菌在生长代谢过程中能产生多种抗虫驱虫抗菌物质和高温蛋白酶及多种生长因子。具有抑制病原菌的生长，促进有益微生物的繁殖，增强农作物的免疫功能，其代谢因子对重茬、根腐有二次杀菌作用。应用于小麦种子包衣，防治小麦全蚀病，特别是对小麦三叶期全蚀病有特效，具有低毒、内吸性较强、药效较高、对作物安全、持效期长等特点。

主要剂型为总有效成分80亿个/毫升水剂。

（2）防治对象与使用方法

①防治西瓜枯萎病，甜瓜等瓜类根腐病、蔓枯病，用80亿个单位药量兑水400～600倍灌根，苗期病株30～50毫升，健株10～20毫升；成株期病株150～200毫升，健株50～100毫升效果显著。

②小麦播种前包衣。防治小麦全蚀病，采用种子包衣。药种比为1∶（55～65）。

（3）注意事项

①本品在西瓜作物上每季最多使用3次；在小麦作物上最多使用4次。小麦种子包衣应为精选后的良种，种子发芽率不能低于85%，包衣种子水分不能高于13%。

②药品有稍许沉淀或分层（内有生根粉所致）不影响药效，使用时应充分摇匀。包衣剂是固定剂型，只作种衣包衣处理，严禁田间喷雾。不能兑水，且不能与其他肥料、农药混配使用。

③包衣种子要专库分批贮存，仓库要求干燥，在常温下储存期

不得超过 4 个月，包衣种子不得食用，不得作饲料，不可与食品、粮食共同存放。

④使用时需做好保护措施，戴好口罩、手套，穿长衣、长裤及胶靴。施药后用温肥皂水洗净手脸及暴露部分皮肤。禁止与小孩、牲畜接触。

⑤施药器械的清洗及残剩药剂的处理不可污染水源；剩余农药不可直接倒入鱼塘、河流等水体。

⑥正常存放或运输时，堆码高度为两层，过高易使包装损坏，造成不必要的损失，长期存放应在安全、人畜不易接触、避光的室内保存，勿与食品、饮料、饲料等其他商品同贮同存，避免儿童接触。

⑦本品灌根或喷施时，每季最多使用 3 次。

⑧沉淀不影响药效，用时请摇匀，置于儿童接触不到的地方。

⑨本品不得与苯酚、过氧化氢、过氧乙酸、氯化汞、碳基水杨酸等物质混用。

⑩哺乳期妇女和孕妇禁止接触本品。过敏者禁用，使用中有任何不良反应，及时就医。

7. 吗胍·硫酸铜

（1）理化性质、杀菌机理与剂型　盐酸吗啉胍是一种广谱病毒防治剂。药剂可通过水气孔进入植物体内，抑制或破坏核酸和脂蛋白的形成，阻止病毒的复制过程，起到防治病毒的作用；硫酸铜为杀藻剂和叶面保护性杀菌剂，能防止孢子萌发。盐酸吗啉胍与硫酸铜配合防治病毒效果更佳。

主要剂型为总有效成分含量 20％的水剂（盐酸吗啉胍含量 16％、硫酸铜含量 4％）。

（2）防治对象与使用方法　吗胍·硫酸铜能防治多种作物病毒病，防治效果较好。

①在防治辣椒病毒病时，于发病初期开始施药，连续喷药 3 次，每次每亩用药 60～100 克，兑水 70 千克喷雾；每次施药间隔 7～10 天。

②在防治水稻条纹叶枯病时，于发病初期施药 2 次，施药间隔 7 天。每次每亩用药 95～115 克，兑水 70 千克喷雾。

（3）注意事项

①该药品安全使用间隔期为 5 天。每季最多使用次数为 3 次。

②不可与碱性药剂混合使用。

③沉淀不影响药效，用时请摇匀，勿入口。

④铜制剂对水生生物毒性高，施药器械的清洗及残剩药剂的处理应避免污染到水源和池塘。

⑤本品对铁敏感，若使用铁质容器，请选用带漆的。

⑥哺乳期妇女和孕妇禁止接触本品。

⑦该药品中毒多由硫酸铜引起，中毒症状表现为头痛、头晕、乏力、口腔黏膜呈蓝色、口内有金属味、齿龈出血、舌发青、腹泻、腹绞痛、黑大便，重者昏迷、痉挛、血压下降等。经口中毒，立即催吐、洗胃。解毒剂为依地酸二钠钙，并配合对症治疗。

8. 辛菌胺醋酸盐

（1）理化性质、杀菌机理与剂型　辛菌胺醋酸盐属植物源甘氨酸类杀菌剂，通过破坏各类病原体的细胞膜、凝固蛋白、阻止呼吸和酵素活动等方式达到杀真菌、细菌或病毒。该药具有一定的内吸和渗透作用。可高效治疗和预防作物病害。

主要剂型为有效成分含量 1.8％的可溶液剂（辛菌胺含量 1.26％）。

（2）防治对象与使用方法　辛菌胺醋酸盐主要防治棉花、水稻等作物病害。

①在防治棉花枯萎病时，于发病初期开始施药最佳，用 200～300 倍液连续喷药 3 次，病情严重时使用间隔 3 天左右，预防病时每次施药间隔 10 天。

②在防治水稻条纹叶枯病时，应在发病初期连续施药 2 次，苗期每亩每次用药 50～100 克，兑水 15 千克喷雾。成株期每亩每次用药 200～250 克，兑水 60～70 千克喷雾，病情严重时期施药间隔 3～5 天，预防病时施药间隔 7～10 天，喷药时需均匀喷洒。在防

治水稻稻瘟病时，应在发病初期连续施药2次，均匀喷施于叶片正反两面。

③该药品在棉花上安全使用间隔期为14天。每季最多使用次数为4次；在水稻上安全使用间隔期为14天。每季最多使用次数为4次。

（3）注意事项

①该药品沉淀不影响药效，用时请摇匀，勿入口。

②建议与其他不同作用机制的杀菌剂轮换使用。

③施药时，应穿戴防护服和手套，切勿在施药时吸烟饮食，施药后洗净手脸。使用过的施药器械，应清洗干净方可用于其他农药的使用。施药器械的清洗剂、残留药剂的处理应避免污染到水源和池塘，使用后的废旧容器不可随意丢弃。

④哺乳期妇女和孕妇禁止接触本品。

⑤未见中毒报道。如皮肤接触应立即脱掉被污染的衣服，用肥皂和大量清水彻底清洗受污染的皮肤；若药剂误入眼睛，立即将眼睑翻开，用清水冲洗10～15分钟，再请医生诊治。一旦误服，应立即送往医院对症治疗。

9. 多抗霉素

（1）理化性质、杀菌机理与剂型　多抗霉素为肽嘧啶核苷酸类抗生素，它是金色产色链霉菌所产生的代谢产物，主要成分是多抗霉素A和多抗霉素B。具有较好的内吸传导作用，干扰病菌细胞壁的生物合成，还能抑制病菌产生孢子和病斑扩大。对作物的疫病防治效果较好。多抗霉素易溶于水，不溶于有机溶剂。对紫外线稳定，在酸性和中性溶液中稳定，但在碱性溶液中不稳定。

主要剂型有3％的可湿性粉剂。

（2）防治对象与使用办法　多抗霉素可用于防治小麦白粉病、烟草赤星病、黄瓜霜霉病、瓜类枯萎病、瓜类叶斑病、水稻纹枯病、苹果斑点落叶病、番茄晚疫病、梨黑斑病等多种真菌病害。

①3％可湿性粉剂每亩0.4千克，兑水50～100千克喷雾，每间隔7天喷1次，共喷3～4次，可防治白粉病、赤星病、霜霉病、枯萎病、叶斑病、纹枯病、晚疫病等。

②3%可湿性粉剂 0.7 千克，兑水 100～200 千克，每棵成树用药液 10 千克喷雾，可防治梨黑斑病、灰霉病、叶斑病等。

（3）注意事项

①不可与酸、碱性药剂混合使用。

②应密封贮存在干燥阴凉处。

③本品在番茄上安全使用期为 2 天，每个作物周期的最多使用次数为 3 次。

④过敏者禁用，使用中有任何不良反应请及时就医。

10. 香菇多糖

（1）理化性质、杀菌机理与剂型　本品为生物制剂，其代谢物可抑制病毒复制，从而预防和铲除病毒。对病毒起抑制作用的主要组分是食用菌菌体代谢所产生的香菇多糖，可使叶面快速舒展，维管束正常工作，原生质快速流动，防治作物病毒病。

主要剂型有 0.5%的可溶液剂。

（2）防治对象与使用办法　本品应于病害初发期施药，每亩每次用制剂药量 150～200 毫升，兑水 30～45 千克均匀喷雾，8～10 天 1 次，连用 3～4 次。大风或预计 4 小时内有雨，请勿施药。

（3）注意事项

①勿入口，不可与酸、碱性药剂混合使用。

②配制时必须用清水，现配现用。

③如有沉淀，使用时摇匀，不影响药效；喷药后 4 小时内遇雨应及时补喷。

④哺乳期妇女和孕妇禁止接触本品。

⑤施药时应穿戴防护服和手套，切勿在施药时吸烟饮食，施药后洗净手脸。使用过的施药器械，应清洗干净方可用于其他农药的使用。施药器械的清洗剂残、留药剂的处理应避免污染到水源和池塘，使用后的废旧容器不可随意丢弃。

（二）杀虫剂类农药

1. 阿维菌素

（1）理化性质、杀虫机理与剂型　阿维菌素属于生物源杀虫剂，具有胃毒、触杀作用，渗透性较强，通过刺激昆虫释放 γ-氨基丁酸来破坏害虫神经传导，当害虫与本品接触后即出现麻痹症状，不活动、不取食，而后死亡。对抗性害虫有特效。主要用于防治十字花科蔬菜小菜蛾。

主要剂型为有效成分含量 1.8% 的乳油。

（2）防治对象与使用方法　主要用于防治十字花科蔬菜小菜蛾。

①小菜蛾低龄幼虫盛发期为最佳施药期，每亩每次用药 80～120 克，兑水 70 千克均匀喷雾，蔬菜叶子正反两面都要打透。

②大风或预计 1 小时内降雨勿施。

③该药品安全使用间隔期为 7 天。每个作物周期的最多使用次数为 1 次。建议与其他不同作用机制的杀虫剂轮换使用。

（3）注意事项

①该药品贮存可能有沉淀现象，用时摇匀化开后不影响药效。

②本品对蜜蜂、鱼类等水生物有毒，施药期间应远离蜂群，禁止在鱼塘和河塘等水体中清洗施药器具。

③施药时要注意穿戴防护服、面具和手套，禁止吸烟和饮食，施药后用清水冲洗。使用过的容器和包装物应深埋处理，不可随意丢弃。

④药品置于阴凉通风干燥处。放置儿童触摸不到的地方。勿与食品、饲料同运同贮。

⑤中毒早期症状为瞳孔放大，行动低调，肌肉颤抖，严重时导致呕吐。急救：经口，应立即引吐，并给患者服用吐根糖浆或麻黄碱，但勿给昏迷患者催吐或灌任何东西，抢救时避免给患者使用增强 γ-氨基丁酸活性药物（如巴比·丙戊酸等），并送医院对症治疗。

2. 吡虫·杀虫单

（1）理化性质、杀虫机理与剂型　吡虫·杀虫单是吡虫啉与杀虫单复配而成的杀虫剂，有较强的触杀胃毒作用和强烈的内吸传导作用，持效期长，是防治稻飞虱等害虫的理想药剂。

主要剂型为总有效成分含量 70%（杀虫单含量 68%、吡虫啉含量 2%）的可湿性粉剂。

（2）防治对象与使用方法 该药对飞虱害虫防效较好。

①该药品用于防治水稻稻飞虱最佳使用期为水稻苗床或本田中低龄若虫发生高峰期施药，每亩每次用药 50～70 克，兑水 70 千克均匀喷雾，视害虫发生情况可使用 2 次，间隔 15 天左右施 1 次。

②该药品对棉花、烟草、辣椒易产生药害；大豆、四季豆、马铃薯也较敏感，使用时应注意，不要让药液漂移到这些作物上，以免产生药害。

③打开包装久置易结块，溶化后不影响杀虫效果。大风天或预计 1 小时内降雨，请勿施药。

（3）注意事项

①本品在农作物上最多使用次数为 2 次，安全使用间隔期为 10 天。

②建议与其他不同作用机制的杀虫剂轮换使用。

③不能与波尔多液、石硫合剂等碱性物质混用。

④对家蚕有毒，防止药液污染桑叶，禁止在蚕室附近使用。对蜜蜂和水生物有毒，禁止在蜜源作物花期和采蜜期使用，远离水源，禁止在河塘等水体中清洗施药器具。

⑤施药时，要注意穿戴防护服、面具和手套，避免吸入药液，施药后用大量清水冲洗。

⑥使用过的容器和包装物应深埋处理，不可做他用。

⑦早期中毒为恶心、四肢发抖，继而全身发抖、流涎、痉挛、呼吸困难、瞳孔放大。如中毒用碱性液体洗胃或冲洗皮肤，草葶碱样症状明显者可用阿托品类药物对抗，但需注意勿过量，忌用胆碱酯酶复能剂。送医院对症治疗。

3. 甲氨基阿维菌素苯甲酸盐

（1）理化性质、杀虫机理与剂型 本品是阿维菌素的类似物，对害虫具有胃毒和触杀作用，持效期长，但作用缓慢。其作用机理为阻碍害虫运动，有效地干扰害虫神经麻痹死亡。对十字花科蔬菜小菜蛾防治效果显著。

主要剂型为有效成分含量1％的乳油。

（2）防治对象与使用方法　对十字花科蔬菜小菜蛾防治效果显著。在菜蛾低龄幼虫盛发期为最佳施药期，每亩每次用药10～20毫升，兑水60千克均匀喷雾，蔬菜叶子正反两面打透。大风或预计1小时内降雨，勿施。

（3）注意事项

①该药品在蔬菜上安全使用间隔期为1天，每个作物周期的最多使用次数为3次。

②建议与其他不同作用机制的杀虫剂轮换使用。

③该药品对蜜蜂、家蚕、鱼类等水生物有毒，施药期间应远离蜂群，禁止蜜源作物开花期、蚕室和桑园用药，远离水源和池塘，禁止在鱼塘和河塘等水体中清洗施药器具。

④施药时，要注意穿戴防护服、面具和手套，禁止吸烟和饮食，施药后用清水冲洗。

⑤使用过的容器和包装物应深埋处理，不可随意丢弃。

⑥中毒早期症状为瞳孔放大、行动低调、肌肉颤抖，严重时导致呕吐。急救：经口，应立即引吐，并给患者服用吐根糖浆或麻黄碱，但勿给昏迷患者催吐或灌任何东西，抢救时避免患者使用增强γ-氨基丁酸活性药物（如巴比·丙戊酸等），并送医院对症治疗。

4. 高效氯氰菊酯

（1）理化性质、杀虫机理与剂型　纯品白色至奶油色结晶固体，熔点80.5℃，20℃时蒸汽压类；25℃时，在下列溶剂中的溶解度分别为环己酮515克/升、二甲苯315克/升、水5～10毫升/升。超过220℃时才发生一些失重现象。可与大多数药剂混用，但与强碱性物质混用易发生分解。

主要剂型有4.5％、5％和10％乳油；0.15％超低量喷射剂。

（2）防治对象与使用方法　本品系高效广谱拟除虫菊酯类杀虫剂，每亩0.37～2.33克有效成分，兑水喷雾，可防治水稻、玉米、棉花、烟草、大豆、甜菜、甘蔗、饲料作物、葡萄、苹果、梨、柑橘、茶、咖啡及林区的草地夜蛾、稻纵卷叶螟、二化螟、黑尾叶蝉、飞虱、椿象、地老虎、蚜虫、玉米螟、棉铃虫、棉红铃虫、尺蠖、蓟马、粉虱、跳甲、甘蓝夜蛾、潜蝇、蠹蛾、舞毒蛾、天幕毛虫和介壳虫等害虫。如棉铃虫、红铃虫、蚜虫每亩用 0.5～1.5 克，菜蚜、菜青虫、小菜蛾等蔬菜害虫每亩用 0.5～1.5 克，大豆卷叶螟每亩用 1.0～1.3 克，大豆其他害虫每亩用 0.3～0.6 克。

0.15%喷射剂防治棉花棉蚜、棉铃虫每亩用量为 1～2 克，防治蔬菜菜青虫、小菜蛾每亩用量为 0.6～1.5 克，防治苹蚜每亩用量为 2～1.2 克，防治烟草烟青虫每亩用量为 1～1.5 克，防治茶树茶尺蠖每亩用量为 1～1.5 克，防治柑橘潜叶蛾和红蜡蚧的使用浓度为 15～20.5 毫克/升。

（3）注意事项

①不可与碱性农药混用。

②该药对水生动物、蜜蜂和蚕极毒，使用中应特别注意。

③无特效解毒药，如误服，应立即请医生对症治疗。

（三）杀螨剂类农药

1. 齐螨素

（1）理化性质、杀灭机理与剂型　纯品为白色至浅黄色结晶，本品对螨类和昆虫具有胃毒和触杀作用，并有横向渗透传导作用。其杀虫机制是干扰害虫神经生理活动，通过刺激释放 γ-氨基丁酸（GABA）的加强，阻断运动神经信号的传递过程，当螨类成虫、若虫和昆虫幼虫与本品接触后即出现麻痹症状，不活动、不取食。2～4 天后死亡。可防治园艺、果树、农作物上的鞘翅目、双翅目、同翅目、鳞翅目和螨类害虫，前者持效期 8～10 天，后者为 30 天左右。对天敌安全，对抗性害虫有特效。

无定形粉末，熔点 150～155℃，蒸气压 199.98 纳帕。溶解性（21℃）：水 0.01 毫克/升，丙酮 100 毫克/升，正丁醇 10 毫克/升，氯仿 25 毫克/升，环己烷 6 毫克/升，乙醇 20 毫克/升，异丙醇 70 毫克/升，煤油 0.5 毫克/升，甲醇 19.5 毫克/升，甲苯 350 毫克/

升。稳定性：在通常贮存条件下稳定；在 pH5、pH7、pH9 和 25℃时，其水溶液不发生水解。

主要剂型有 1.8%、0.9% 和 0.3% 乳油。

（2）防治对象与使用方法

1.8% 乳油防治对象及其用量：防治朱砂叶螨、棉红蜘蛛、红叶螨等害螨，稀释 8 000～10 000 倍液喷雾；防治蔬菜上的菜青虫、小菜蛾，稀释 3 000～4 000 倍液喷雾；潜叶蝇（蛾）为 4 500 倍喷雾；棉花棉铃虫、棉蚜等，稀释 1 200～1 500 倍液喷雾；防治果树卷叶蛾、梨木虱、蚜虫、梨圆盾蚧，稀释 4 500～5 000 倍液喷雾，而红蜘蛛、瘿螨、桃小食心虫则为稀释 9 000～12 000 倍液；防治花卉介壳虫、蓟马，稀释 3 500～4 500 倍液喷雾；防治粮食作物的麦蚜，稀释 1 200～1 500 倍液喷雾。

（3）注意事项

①药品应在阴凉避光处密封贮存。

②对浮游生物、蜜蜂、蚕及某些鱼类敏感。

③若误服，可服用吐根糖浆或麻黄碱解毒，在急救期间避免给患者使用增强 γ-氨基丁酸活性的药物。

2. 尼索朗

（1）理化性质、杀灭机理与剂型　尼索朗原药为浅黄色结晶，难溶于水，微溶于甲醇、乙烷、丙酮等有机溶剂。是一种噻唑酮类杀螨剂，对植物表皮有较好的穿透性，但无内吸传导作用。在常用浓度下使用，对植物安全，对天敌、蜜蜂、捕食性螨影响很小，对人、畜毒性低，可与波尔多液、石硫合剂等多种农药混用。

主要剂型有 5% 乳油；5% 可湿性粉剂。

（2）防治对象与使用方法　尼索朗可用于防治柑橘、苹果、山楂、棉花等红蜘蛛，对卵、若螨有特效，对成螨无效。

①5% 乳油每亩 60～100 毫升，兑水 75～100 千克，于棉田红蜘蛛点片发生阶段喷雾，可有效地防治棉红蜘蛛。

②5% 乳油每亩 50 毫升，兑水 75～100 千克，于害螨盛发期喷雾，可防治柑橘、苹果、山楂红蜘蛛。

（3）注意事项

①该药对成螨无效，施药时，应比其他杀螨剂早些，或与其他对成螨效果好的杀螨剂混用。

②该药无内吸作用，喷药要均匀周到。

③注意安全用药。

（四）杀线虫剂类农药

1. 根结线虫二合一

（1）理化性质、杀灭机理与剂型　该药品采用杀根结线虫原粉和阿维菌素及特殊高渗剂精制而成（采用强力植毒粉和吗啉胍铜及防治根结线虫毒瘤结专用原粉），对杀根结线虫有特效。

（2）防治对象与使用方法　该药品可防治多种作物根结线虫，使用方法是备水 80～100 千克，先加杀线虫剂 300 毫升，充分搅匀，再加 350 毫升线虫毒瘤结剂，充分搅匀后冲施或灌根。

（3）注意事项

①注意 2 种药品配合使用，随配随用。

②施药时，应佩戴防护用具，注意施药安全。

2. 威百亩

（1）理化性质、杀灭机理与剂型　威百亩是有机硫杀线虫和杀菌剂。工业品为白色结晶或无定形粉末；能溶于水，水溶液呈碱性，有臭味；遇酸和金属盐可引起分解失效，对人、畜低毒，对皮肤、眼和黏膜有刺激作用。

主要剂型有 35%、48%水剂。

（2）防治对象与使用方法　威百亩是一种防治范围广的水溶性土壤熏蒸剂，用于播种前土壤处理，可防治线虫及真菌引起的病害。

①沟施：35%水剂每亩 3～4 千克，兑水 300～400 千克，在作物播种前 15 天，先在田间开沟，沟深 16～23 厘米，间距 24～28 厘米，将稀释的药液均匀浇施沟中，随即盖土踏实，半月后翻耕透气，再播种或移栽。如土壤干燥，可增加水的使用量或先浇水后施药，这样可以防治花生根结线虫病、水稻干尖线虫病、大豆线虫

病、烟草黑胫病、瓜类枯萎病、白菜软腐病等。

②喷洒：35％水剂每亩 2.0～2.5 千克，兑水 100～150 千克，用喷雾器均匀喷洒于土壤表面，然后再用大量的水，使土壤表面完全湿润，经过 14 天后即可播种。

（3）注意事项

①药液要随配随用，以免降低药效。

②该药能刺激眼和黏膜，施药时应佩戴防护用具。

③该药不能与波尔多液、石硫合剂及其他含钙的农药混用。

④包装时应避免用金属器具。

（五）植物生长调节剂类农药

1. 硝钠·萘乙酸

（1）理化性质、作用机理与剂型　该药品为新型植物生长矮丰增产调节剂，又名快丰收。萘乙酸促进细胞分裂与扩大，诱导形成不定根，增加坐果，改变雌雄花比率。复硝酚钠为植物细胞激活剂，促进细胞的原生质流动，加快植物发根速度，促进生长、生殖及结果，促进花粉管伸长，帮助受精结实，提早开花，打破休眠，促进发芽，防止落花落果，改良果实品质。

主要剂型为总有效成分含量 2.85％（复硝酚钠含量 1.65％、萘乙酸钠含量 1.2％）的可溶液剂。

（2）防治对象与使用方法

①硝钠·萘乙酸在花生结荚期施药 1 次，稀释浓度 5 000～6 000倍液喷雾。喷药时以均匀为好，不可重复。

②该药品在花生安全使用间隔期为 14 天。每个作物周期的最多使用次数为 1 次。

（3）注意事项

①应按规定浓度使用，浓度过高对植物生长起到抑制作用。

②可与一般农药混用，除草剂及强酸性农药不可混用。

③操作时不得抽烟、喝水、吃东西，操作完毕应用清水及时洗手、洗脸和被污染部位。

④药品置于阴凉通风干燥处，避光保存，远离儿童，不得与饲

料、食品同储同运。

⑤无中毒报道。

2. 复硝酚钠

（1）理化性质、作用机理与剂型　复硝酚钠原药为红色针状结晶体，溶于水及丙酮、乙醚、乙醇、氯仿等有机溶剂。常规条件下贮存稳定。对人、畜、鱼类均低毒。为单硝化愈创木酚钠盐植物细胞赋活剂，能迅速渗透到植物体内，以促进细胞原生质流动，加快植物发根速度，对植物发根、生长、生殖及结果等发育阶段均有不同程度的促进作用。尤其对促进花粉管的伸长、帮助受精、结实的作用明显。可促进植物生长发育、打破休眠、促进发芽、提早开花、防止落花落果、改善植物产品品质。对番茄有调节生长的作用。

复硝酚钠剂型有 1.4％水剂（对硝基苯酚钠含量 0.7％、邻硝基苯酚钠含量 0.5％、5-硝基愈创木酚钠含量 0.2％）。

（2）防治对象与使用方法　复硝酚钠可应用于水稻、小麦、棉花、大豆、甘蔗、茶树、烟草、花生、黄麻及亚麻等多种农作物及果树、蔬菜。可用于叶面喷洒、浸种、苗床灌注及花蕾撒布等方式进行处理。与其他植物激素不同，在植物播种开始至收获之间任何时期，皆可使用。

① 在粮食作物上使用。水稻、小麦可浸种，浸种时间为 12 小时；幼穗形成和出齐穗时可叶面喷洒；水稻移栽前可灌苗床。所用浓度均为 1.8％水剂 3 000 倍液。玉米生长期及开花前数日，可用6 000 倍液喷洒叶面及花蕾。大豆（包括豆类）幼苗期、开花前4～5天可用 6 000 倍液处理叶面及花蕾。

②在经济作物上使用。棉花生长出 2 片叶、8～10 片叶、第一朵花开时、棉桃开裂时，可分别用 3 000、2 000、2 000、2 000 倍液喷洒叶面、花朵及棉桃等部位；烟草在幼苗期或移栽前4～5日，可用 2 000 倍液灌注苗床 1 次，移栽后可用 1 200 倍液叶面喷雾 2次，间隔 1 周；花生在生长期，用 6 000 倍液喷洒叶茎 3 次，间隔1 周，在开花前期喷洒叶面及花蕾 1 次；黄麻及亚麻幼苗期用

2 000倍药液灌注 2 次，间隔 5 天。

③在果树上使用。发芽之后，花前 20 天至开花前夕、结果之后，用 5 000～6 000 倍分别喷洒 1 次。此浓度范围适用于葡萄、李、柿、梅、龙眼、木瓜、番石榴、柠檬等品种，梨、桃、柑、橘、橙、荔枝等品种浓度则为 1 500～2 000 倍。成龄果树施肥时，在树干周围挖浅沟，每株浇灌 6 000 倍药液 20～35 毫升。

④在蔬菜上使用。大多数蔬菜种子可浸于 6 000 倍药液中 8～24 小时，在暗处晾干后播种，但豆类种子只浸 3 小时左右；马铃薯是先将整个块茎浸 5～12 小时，然后切开，消毒后立即播种；温室蔬菜移栽后，生长期用 6 000 倍药液进行浇灌，对防止根老化、促进新根形成效果显著；果类蔬菜如番茄、瓜类，可在生长期及花蕾期用 6 000 倍液喷洒 1～2 次。

此外，作物发生药害时，在消除药害的基础上用 6 000～12 000倍液处理数次，有利于恢复正常生长。

（3）注意事项

① 使用浓度过高时，将会对作物幼芽及生长有抑制作用。

②可与一般农药混用，包括波尔多液等碱性农药，与尿素及液体肥料混用时能提高功效。

③不易附着药滴的作物，应先加展着剂后再喷。

④结球性叶菜和烟草，应在结球前和收烟前一个月停止使用，否则会推迟结球，使烟草生殖生长过于旺盛。

⑤密封储藏于冷暗处。

3. 芸薹素内脂

（1）理化性质、作用机理与剂型　芸薹素内脂是一种新型绿色环保植物生长调节剂，具有使植物细胞分裂和延长的双重作用，促进根系发达，增强光合作用，提高作物叶绿素含量，促进作物对肥料的有效吸收，辅助作物劣势部分良好生长。

主要剂型有 0.5％可溶液剂。

（2）防治对象与使用方法　该激素适用于多种作物和果树。一般每亩每次用药量 5～10 克。作物每季只能使用 3 次。玉米在大口期，对植株均匀喷雾 1 次，增产作用显著。

（3）注意事项

①不可与碱性农药混用。

②施药时需要做好保护措施，戴好口罩、手套，施药后用温肥皂水洗净手脸。

③使用过的喷雾器，应清洗干净方可他用。

④哺乳期妇女和孕妇禁止接触该激素。

⑤无特效解毒药，一旦误服，用吐根糖浆催吐，并送医院对症治疗。

总之，随着生产水平的提高，在各种肥水及农业各种条件相同的情况下，合理使用好调节剂及部分微量元素非常重要，不但可以高产，而且可以提高品质，还可以增强免疫力。方法是用 0.5% 芸薹素内酯 10 克或 0.5% 的萘乙酸钠 10 克或 6% 的胺鲜酯 5 克加入高能锌、高能钾、高能钙、高能硼等微量营养元素各 1 粒，兑水 15 千克，喷施 1~2 次，可增产 15%~35%，且品质提高。注意植物生长调节剂要交替使用，不要重复使用。

稻麦类，在孕穗期用 0.5% 芸薹素内酯 10 克或 0.5% 的萘乙酸钠 10 克或 6% 的胺鲜酯 5 克加入高能钼、高能钾、高能硼各 1 粒，兑水 15 千克，喷 1~2 次。可增产 15% 左右。且粮食品质提高。

豆类、花生、油菜等，初花期用 0.5% 芸薹素内酯 10 克或 0.5% 的萘乙酸钠 10 克或 6% 的胺鲜酯 5 克加入高能钼、高能钾、高能硼各 1 粒，兑水 15 千克，喷 1 次，荚果期再喷 1 次可增产 20% 左右，且品质提高。

玉米、高粱 5~9 叶期用 0.5% 芸薹素内酯 50 克或 0.5% 的萘乙酸钠 10 克或 6% 的胺鲜酯 5 克加入高能钼、高能钾、高能硼各 1 粒，兑水 15 千克，喷 1 次，若连续阴雨喷施 2 次，可增产 20% 左右，且品质提高。

棉花初花期用 0.5% 芸薹素内酯 20 克或 0.5% 的萘乙酸钠 10 克或 6% 的胺鲜酯 5 克加入高能钼、高能钾、高能硼各 1 粒，兑水

15 千克，喷 1 次，伏桃期再用 1 次，可增产 15％左右，且品质提高。

果树（如葡萄、苹果、桃、冬枣、红枣、柑子、香蕉、芒果、龙眼、荔枝、菠萝、柚子等）初蕾期用 0.5％芸薹素内酯 10 克加 10％植物防冻剂（或防蒸腾剂）50 克或 10％护胎素 100 克再加上高能钼、高能钾、高能硼各 1 粒，兑水 15 千克，喷 1 次，坐果后再用 1 次，使用间隔 15～20 天，喷雾均匀为度，可增产 30％左右，且品质提高，味正质好，不糠不空。

瓜菜果类（如西瓜、黄瓜、丝瓜、苦瓜、香瓜、冬瓜、木瓜、青瓜、打瓜、西葫芦、南瓜、草莓等）初花期用 0.5％芸薹素内酯 10 克或 0.5％的萘乙酸钠 10 克或 6％的胺鲜酯 5 克加上高能钼、高能钾、高能硼各 1 粒，兑水 15 千克，喷 1 次，坐果后再用 1 次，使用间隔 15～20 天，喷雾均匀为度，可增产 35％左右，且品质提高，味正质好，不糠不空。

茄果类（如各种番茄、各种茄子、各种辣椒等）初花期用 0.5％芸薹素内酯 10 克或 0.5％的萘乙酸钠 10 克或 6％的胺鲜酯 5 克加上高能钼、高能钾、高能硼、高能钙、高能锌各 1 粒，兑水 15 千克，喷 1 次，坐果后再用 1 次，使用间隔 15～20 天，可增产 30％左右，且品质提高，味正质好，不糠不空。

地下根茎、根块类（如马铃薯、甘薯、芋头、山药、大蒜、圆葱、白术等）初花期或现薹或现苞茎前 5～10 天，用 0.5％芸薹素内酯 10 克或 0.5％的萘乙酸钠 10 克或 6％的胺鲜酯 5 克加上高能钼、高能钾、高能硼、高能钙、高能锌各 1 粒，兑水 15 千克，喷 1 次，间隔 18～20 天再用 1 次，可增产 35％左右，且品质提高，味正质好，细胞密实度增加，单个重增加。

叶菜类（如香菜、韭菜、油麦菜、菠菜、上海青、菜薹、莴苣等）四叶一心时用 0.5％芸薹素内酯 10 克或 0.5％的萘乙酸钠 10 克或 6％的胺鲜酯 5 克加上高能钾、高能钙、高能铁、高能锌各 1 粒，兑水 15 千克，喷 1 次，喷雾均匀为度，可增产 40％左右，且品质提高，色泽鲜正。

（六）解毒解害抗逆营养制剂类农药

1. 药害速解

（1）理化性质、作用机理与剂型　药害速解的主要成分为分解酶、升华酶、解毒酶、高渗营养酶。作物受外界因素侵害，没有病害的传染性，突然间大面积发生，如气候忽冷造成的冻害、用药用肥过量引起的烧苗、烂根、死棵，伪劣农药化肥的有毒物质使作物的生理机能受到抑制或破坏，引起茎叶变色，生长点枯死，落花，落果，青枯，甚至停止生长等症状。应用药害速解可强力排毒、解害，激活细胞，通过改善叶面呼吸孔，把毒素排掉，恢复作物正常生长。

主要剂型为 10％水型。

（2）防治对象与使用方法　药害速解适应于多种作物因药害、肥害、烟害、冻害而造成的不良症状，每次每亩用药 50 克，兑水30 千克喷雾。

①与除草剂混用，既可保护作物，又能提高除草效果。

②与杀虫杀螨剂混用，可以提高杀虫效果，节省杀虫剂用量，无需使用增效剂。

③与杀菌剂混用，可以防疑难杂症，同时增效显著。

④养蚕区与阿托品混用喷施桑叶可解高残毒。

⑤喷施高残毒农药的作物，通过改善叶面呼吸孔排毒，降解高残毒 85％以上。

（3）注意事项

①沉淀为有效成分，用时请摇匀。

②勿入口，注意对症用药。

③妥善保管，安全施用。

④无中毒报道。但要放在儿童触摸不到的地方。

2. 果通红（防裂一喷红）

（1）理化性质、作用机理与剂型　该药品的主要成分为果色酶、基因诱导酶、防裂酶、原生汁转化酶等。该药品为安全型基因调控诱导果红剂，能使叶绿素快速转化为果色素向果实集中。克服了用乙烯利促红带来的伤叶催熟危害，不伤叶、不伤小果，且对小果有膨大作用，小果不会红，也不产生药害。特别是对长时间不红、因病形成的小老头果，因光照不足出现的阴阳果，喷施后，作用也较好，能使之快速变红。不软果、不裂果、不落果，色好、味好、果型好，籽饱肉厚，单果重增加。

主要剂型有 10％水剂。

（2）**防治对象与使用方法**　该药品可广泛用于有色基因的瓜果、蔬菜上，如辣椒、番茄、茄子、西瓜、南瓜、柑橘、苹果、红枣、桃、李、杨梅、龙眼、荔枝等。一般用 1 000 倍液喷洒。

（3）**注意事项**

①掌握好喷施时机，在果园或菜田内，只要见红果即可喷施。

②不能光喷果子，一定要喷整个植株叶子或树冠。

③注意与一些微肥配合施用，效果更佳。

④妥善保管，安全施用。

第四讲　小麦病虫害适期防治技术

一、小麦播种期至越冬期病虫害防治

小麦播种期至越冬期（9月下旬至翌年2月中旬）主要防治对象及主要防治措施如下：

1. 主要防治对象　全蚀病、腥黑穗病、散黑穗病、秆黑粉病、纹枯病、根腐病、斑枯病；蝼蛄、蛴螬、金针虫、吸浆虫、麦蜘蛛、麦蚜、灰飞虱。

2. 主要防治措施

（1）农业防治措施　选用抗、耐病品种。注意品种合理布局，避免单一品种种植；秋耕时，做到深耕细耙，精细整地，减少病虫基数；施用经高温堆沤、充分腐熟的有机肥，应用配方施肥技术；根据品种特性、地力水平和气候条件，在适播期内做到精量、足墒下种，促进麦苗早发，培育壮苗，以增加植株自身抗病能力，减轻危害。

（2）化学防治

①土壤处理。对土传病害重发田、地下害虫和小麦吸浆虫并重或单独重发区，要进行药剂土壤处理，每亩用40％辛硫磷乳油300毫升，兑水1～2千克，拌沙土25千克制成毒土，犁地前均匀撒施地面，随犁地翻入土中。对小麦全蚀病严重发生田，每亩用80亿单位地衣芽孢杆菌200毫升或28％井冈·多菌灵300毫升或70％甲基硫菌灵可湿性粉剂2～2.5千克，拌细土25千克撒施，重病区施药量可适度增加。病虫混发区用上述2种药剂混合使用。

②药剂拌种。要大力推广应用包衣种子，对非包衣种子播种前采用优质对路的种衣剂包衣或杀虫、杀菌剂混合拌种，用菌衣地虫死、菌衣无地虫、菌衣地虫灵直接包衣；杀虫剂可选用吡·杀单、噻虫嗪、辛硫磷等；杀菌剂可选用地衣芽孢杆菌、辛菌胺、敌磺钠、多抗霉素、立克秀、适乐时、敌萎丹等；任选一种杀虫剂与杀菌剂混合拌种，方法是：用40%辛硫磷乳油20毫升，加80亿单位地衣芽孢杆菌20~50毫升、1.8%辛菌胺20毫升、50%敌磺钠15克、3%多抗霉素10克、3%敌萎丹，或2.5%适乐时15~20毫升，或12.5%烯唑醇，或2%立克秀10~15克，兑水0.5千克，均匀拌麦种10千克，待药膜包匀后，晾3~5分钟后播种，如不能及时播种，必须用透气的袋子装，若是普通编制袋子，要扎几个孔后再装包好的种子。可有效预防小麦全蚀病、纹枯病、叶枯病等土传病害。注意用含有吡虫啉、噻虫嗪等新烟碱类杀虫剂拌种时严禁闷种，防止产生药害。预防孢囊线虫可用含有甲维盐或阿维菌素的种衣剂进行包衣或拌种。在包衣或拌种时，可加入适量氨基酸寡糖素、芸薹素内酯、碧护等诱抗剂和生长调节剂一起处理种子促进小麦出苗、生根、分蘖和健壮生长，提高植株抗逆能力。

二、小麦返青期至抽穗期病虫害防治

小麦返青至抽穗期（2月中旬至4月下旬）主要防治对象及主要防治措施如下：

1. 主要防治对象　纹枯病、白粉病、锈病、颖枯病；地下害虫、麦蜘蛛、麦蚜、吸浆虫、麦叶蜂。

2. 主要防治措施　适时灌水，合理均匀施肥，增施磷、钾肥。用12.5%烯唑醇可湿性粉剂按每亩有效成分15克，兑水30千克喷洒；每亩用28%多·井悬浮剂有效成分100~125克，兑水30千克喷洒；用90%敌百虫晶体0.5千克，兑水10~15千克，拌炒香麦麸10~15千克，于傍晚每亩撒1.5~2.5千克。用15%扫螨净乳油或20%粉剂或者20%爱杀螨乳油1 500~2 000倍液，每亩喷药液50千克，或每亩用5%阿维菌素乳油20毫升，兑水45千克均匀喷雾；每亩用 5％蚜虱净 7～10 毫升，兑水 50 千克喷洒。

三、小麦抽穗期至成熟期病虫害防治

小麦抽穗期至成熟期（4 月底至 5 月底）主要防治对象及主要防治措施如下：

1. 主要防治对象　白粉病、赤霉病、黑胚病；地下害虫、麦蜘蛛、麦蚜、黏虫、吸浆虫。

2. 主要防治措施　小麦扬花率 10％以上时，可用 25％酸式络氨铜水剂或 50％多菌灵可湿性粉剂或 28％井冈・多菌灵悬乳剂 75～100 克，兑水 30～45 千克喷洒。或每亩用 12.5％烯唑醇 15 克，兑水 30 千克喷洒，防治病害。用 50％辛硫磷 1 000 倍液或 15％扫螨净 1 500～2 000 倍液或 4.5％高效氯氰菊酯乳油 1 000～1 500 倍液或 70％吡虫・杀虫单 1 000～1 500 倍液，每亩喷药液 50 千克，防治虫害。

第五讲　玉米病虫害适期防治技术

一、玉米播种期病虫害防治

1. 主要防治对象　地下害虫、黑粉病、丝黑穗、粗缩病。

2. 主要防治措施　50％辛硫磷 0.5 千克兑地衣芽孢杆菌 5 千克，拌种 250～500 千克，晾 3～5 分钟后播种，如不能及时播种，必须用透气的袋子装，若是普通编制袋子，要扎几个孔后再装包好的种子。毒饵诱杀：将麦麸、豆饼等炒香，每 100 千克饵料用90％敌百虫 2 千克、兑水 10 千克稀释后拌入，在黄昏时撒入田间，若能在小雨后防治，效果更好。地衣芽孢杆菌或用 20％吗啉胍·铜水剂 20 药种比为 1∶50；50％多菌灵可湿性粉按种子量的 0.5％剂量拌种，防治黑粉病和丝黑穗病。

二、玉米苗期病虫害防治

1. 主要防治对象　地老虎、红蜘蛛、蝼蛄、玉米铁甲、玉米蚜、二点委夜蛾；纹枯病、粗缩病、黑条矮缩病、圆斑病、顶腐病。

2. 主要防治措施

（1）地老虎　消除田边、地头杂草，消灭卵和幼虫，地老虎入土前，用90％敌百虫 800～1 000 倍液喷雾；幼虫入土后，用 50％敌敌畏或 50％的辛硫磷每亩 0.2～0.25 千克，兑水 400～500 千克顺垄灌根，或用90％敌敌畏 0.5 千克或辛硫磷 0.5 千克兑水稀释后，拌碎鲜草 50 千克，于傍晚撒于玉米苗附近。菊酯类农药每亩用 30～50 毫升，兑水 40～60 千克喷雾。危害轻的地块也可人工捕捉，每日清晨在危害苗附近扒土捕捉幼虫。

（2）红蜘蛛 清除田边、地头杂草。用 15％扫螨净乳油 1 500～2 000 倍液或每亩用 5％阿维菌素乳油 20 毫升，兑水 45 千克均匀喷雾。或用 0.9％齐螨素 2 500 倍或 15％哒螨灵乳油 1 000～1 500 倍液，每亩 40 千克喷雾。

（3）蝼蛄 毒饵诱杀，将麦麸、豆饼等炒香，每 50 千克饵料拌入 90％敌百虫 0.5 千克，兑水 5 千克稀释后拌匀，在黄昏时撒入田间，小雨后防治效果更好。

（4）玉米铁甲 人工捕虫：每天上午 9 时前，连续捕杀成虫。化学防治：在成虫产卵盛期和幼虫卵孵率达 15％～20％时进行药剂防治，每亩用 90％敌百虫晶体 75 克，兑水 60～75 千克喷雾。

（5）玉米蚜 农业防治：消灭田边、路边、坟头杂草，消灭孳生基地。生物防治：利用天敌，以瓢虫治蚜。化学防治：0.5％阿维菌素 1 000 倍液，或用 25％噻虫嗪水分散粉剂 6 000 倍液、10％吡虫啉或 25％吡蚜酮 1 000 倍液，每亩 50 千克喷雾。也可用上述药剂与菊酯类药剂混合喷雾。

（6）二点委夜蛾 喷雾或灌根。1.8％阿维菌素乳油＋5％高效氯氰菊酯 1 500 倍液喷雾或将喷头拧下，逐株滴灌根颈及根际土壤，每株 50～100 克药液。

（7）玉米纹枯病 农业防治：使行轮作，及时排除田间积水，消除病叶。化学防治：发病初期，每亩用 25％络氨铜水剂 30 毫升或 28％井冈·多菌灵 50～100 克，兑水 30 千克喷雾或亩用三唑酮有效成分 15～20 克兑水 50 千克喷雾。严重地块，隔 7～10 天防治 1 次，连续防治 3 次，要求植株下部必须着药。

（8）玉米粗缩病 农业防治：做好小麦丛矮病的防治，减少灰飞虱的虫口，适当调整玉米播期，麦套玉米要适当晚播，减少共生期，提倡麦收灭茬后再播种；加强田间管理，及时中耕除草，追肥浇水，提高植株抗病能力；结合间苗、定苗及时拔除病株，减少毒源。化学防治：抓住玉米出苗前后这一关键时期，用 80 亿单位地衣芽孢杆菌 800 倍液，或用 20％吗啉胍·铜水剂 50～100 克兑水 30～50 千克喷施，喷匀为度，间隔 3 天 1 次，连用 2 次。

（9）玉米黑条矮缩病　农业防治：把好第一次灌水时间关，力争适时。化学防治：每亩用 20％吗胍·铜水剂 50 毫升，或 30％氮苷·吗啉胍 25 克；粗缩病严重时加高能锌，发病初期开始喷药，间隔 3 天，连喷 2 次，以后每隔 7～10 天 1 次，连喷 2～3 次；灭虫防治在灰飞虱迁入玉米地初期，连续防治 2～3 次，每次用药时间间隔一周左右。

（10）玉米圆斑病、黄粉病　农业防治：主要是对病区种子外调加强检疫。化学防治：发病初期开始喷药，以后每隔 7～10 天 1 次，连喷 2～3 次，每亩用 30％氮苷·吗啉胍 25 克，或用 25％戊唑醇可湿性粉 1 000 倍液 50 千克喷雾。

（11）玉米顶腐病　用 58％甲霜灵·锰锌可湿性粉剂 300 倍液或 70％甲基硫菌灵可湿性粉剂 500 倍液或 30％戊唑醇可湿性粉剂 1 500 倍液或 10％苯醚甲环唑水分散粒剂 1 000 倍液，对准玉米心叶喷雾，间隔 7～10 天喷 1 次，连喷 2～3 次。药液可与甲维盐等杀虫剂和锌肥或高效液肥一起喷施，防治棉铃虫、玉米螟等害虫。

三、玉米中后期病虫害防治

1. 主要防治对象　玉米螟、蓟马、黏虫、红蜘蛛、棉铃虫、甜菜夜蛾、锈病、细菌性角茎腐病、干腐病、青枯病。

2. 主要防治措施

（1）蓟马　0.5％阿维菌素乳油 1 000 倍液，常规喷雾。

（2）红蜘蛛　0.5％阿维菌素乳油 800～1 000 倍液，0.9％齐螨素乳油 2 500～3 000 倍或 15％扫螨净 1 000～1 500 倍液，常规喷雾。

（3）玉米螟　在各代玉米螟产卵初期、始盛期和高峰期 3 次放赤眼蜂，每亩每次放蜂 1.5 万～2.0 万头，每亩投放点 5～10 个。心叶期用 1.5％辛硫磷颗粒剂，每亩 3～5 千克捏心；也可用 1％甲维盐乳油，90％敌百虫 1 500～2 000 倍液灌心叶，用 70％吡·杀单 50 克兑水 500～600 倍液于 5 叶至 10 叶期把喷头去掉，用喷雾器杆喷口喷施。打苞露雄期，当幼虫蚀入雄穗时，可用 4.5％高效氯氰菊酯灌穗。

（4）棉铃虫　玉米抽雄授粉结束后，除去雄穗，清除部分卵和幼虫，利用成虫趋味、趋光的特性，用杨柳枝和黑光灯诱杀成虫，保护田间有益生物。棉铃虫卵孵化盛期 1％甲氨基阿维菌素苯甲酸盐乳油 15～20 毫升或 2.5％高效氯氟氰菊酯水乳剂 40～60 毫升，兑水 30 千克均匀喷雾。

（5）甜菜夜蛾　田间出现卵高峰后 7 天左右为幼虫三龄盛期，甜菜夜蛾卵孵化至幼虫 3 龄前是防治有利适期，主要用药有：每亩用 1％甲氨基阿维菌素苯甲酸盐乳油 15～20 毫升或 2.5％高效氯氟氰菊酯水乳剂 40～60 毫升，也可选用甲维·茚虫威、甲维·虫螨腈等复配剂进行防治，以上药剂均兑水 30 千克，于清晨或傍晚均匀喷雾。

（6）黏虫　利用小谷草把诱杀成虫。在发生量小时，可人工捉杀幼虫。化学防治：每亩用 2.5％高效氯氟氰菊酯乳油、2.5％联苯菊酯乳油 1 500 倍液均匀喷雾。喷雾要均匀、周到，田间地头、路边的杂草也要喷到，在早晨或傍晚喷药效果更好。

（7）玉米锈病　农业防治：选用抗病品种，合理增施磷、钾肥，及早拔除病株。化学防治：发病初期用 0.2 波美度石硫合剂喷雾；或每亩用烯唑醇有效成分 10～12 克，常规喷雾。

（8）玉米青枯病　农业防治：在玉米抽雄期追施一次钾肥，并注意排水，特别是暴雨后要及时排水、中耕。化学防治：23％络氨铜，或 80 亿单位地衣芽孢杆菌，也可叶面喷洒 2.85％萘乙酸·复硝酚钠防治。

（9）玉米细菌性角茎腐病　农业防治：苗期增施磷、钾肥，合理浇水，搞好排水，降低田间湿度。化学防治：用 20％噻菌铜悬浮剂喷施，1 000 倍液喷均匀为度，严重时加高能硼胶囊 1 粒，或瑞毒霉系列药品，在喇叭口期喷雾防治。

（10）玉米干腐病　农业防治主要是搞好检疫；实行 2～3 年轮

作；及时采收果穗。化学防治是在抽穗期施药，用 23％络氨铜 800 倍液喷雾，重点喷果穗及下部茎叶，隔 7 天再喷 1 次。

（11）玉米赤霉穗腐病　农业防治：如实行轮作，合理施肥，注意防虫，减少伤口，充分成熟后收获，果穗充分晾晒后入仓储藏等。化学防治：用 1.8％辛菌胺 800 倍液喷施，喷匀为度。

第六讲 水稻病虫害适期防治技术

水稻病虫害种类多，危害严重，应采取综合防治措施进行防治。

一、水稻种子处理

采取石灰水浸种。催芽前，用石灰水浸种，可减轻白叶枯病和稻瘟病的发生。采取石灰水浸种后，白叶枯病、稻瘟病的病株率分别比对照降低 33.75％和 23.23％。石灰水浸种方法简便，成本低廉，又不增加工序，易于推广。先配成 1％石灰水后，倒入种子，使种子距离水面 14 厘米以下，不要搅动水层，浸 2～3 天（气温 15～20℃时浸 3 天，25℃时浸 2 天），浸好后捞起洗净催芽。

二、水稻肥水管理

在肥料的运筹上推广配方施肥和重施底肥，做到氮、磷、钾肥合理配合，有机肥、化肥搭配使用，对控制病虫草危害和水稻增产起到一定作用，避免串灌、漫灌和长期灌深水，分蘖末期及时晒田结扎，促进植株健壮生长、降低田间湿度，可减轻纹枯病、稻飞虱等多种病虫害的发生、危害。

三、水稻病虫害化学防治

目前，药剂防治仍是病虫防治的重要手段。但必须讲究防治策略，抓好病虫预测预报，合理施药，准确防治适期，以稻螟虫、稻飞虱、白叶枯病、纹枯病为重点，兼治其他病。

1. 秧苗期 应以稻蓟马防治为主，兼治苗稻瘟。可在稻蓟马卷叶株率达 15％以上时，每亩用 5％高效氯氰菊酯 800 倍液 15 千克（加糯米汤 600 毫升）喷雾。防治苗稻瘟，可在田间出现中心病株时，每亩用 20％三环唑可湿性粉剂 20～27 克，兑水 75～100 千克喷雾。

2. 分蘖、孕穗期 应以稻螟虫、纹枯病为主，兼治稻纵卷叶螟、稻飞虱、稻苞虫等。稻螟虫在卵孵盛期，对亩卵量达 80 块以上的田块，及时喷药防治。常用药剂有 50％杀螟松，每亩 100 克兑水 50 千克喷雾，还可以兼治稻飞虱稻纵卷叶螟、稻苞虫等。也可以用 2.5％敌杀死每亩 20 毫升喷雾，既可杀蚁螟，又可杀卵，防治效果达 100％。兼治其他害虫，但不能连续使用，以免产生抗药性。纹枯病在病丛率达 20％以上时施药，每亩用 15％粉锈宁 55～75 克，兑水 50 千克喷雾，且兼治其他病害。若单治纹枯病，每亩仅用 5 万单位井冈霉素 100 毫升喷雾即可。

3. 抽穗、灌浆、乳熟期 应以稻飞虱、白叶枯病为防治重点，兼治其他病虫。防治稻飞虱，当百蔸稻有虫 1 000 头以上，益害比（稻田蜘蛛与稻飞虱之比）超过 1：5 时，每亩用 50％敌敌畏 200 克，拌细沙土 20 千克撒施，施药时田间要保持浅水层。也可以用 25％扑虱灵每亩 20～25 克，兑水 50 千克喷雾或迷雾。防治白叶枯病，当田间出现中心病株时，每亩用 25％叶枯唑或叶枯净 200 克，或 50％代森铵 100 克兑水 50 千克喷雾。防治穗颈瘟，可在孕穗前期或齐穗期施药，每亩用 40％稻瘟灵乳剂 100 克，兑水 75 千克喷雾，防效 90％以上。

四、水稻化学除草

搞好化学除草的关键是田要整平；选好对口农药；抓住施药适期；田间施药要适当。化学除草应以秧田为重点，其次才是插秧大田。秧田畦整好后，播种前，每亩用 50％杀草丹 75～100 克，兑水 50 千克喷雾，或播后苗前，每亩用 72％禾大壮 250 克或 60％丁草胺 100 克，兑水 50 千克喷雾，施药后保持浅水层 5～7 天，对稗草防除效果分别为 97.6％和 86.9％，还可以兼除其他杂草。栽插大田，在插秧后 3～7 天、稗草 1 叶 1 心期，每亩用 50％苯噻酰·苄可湿性粉剂 40～60 克（南方）或 80 克（北方），拌细土 10～15 千克撒施。保水层 3～5 厘米 5～7 天。一次施药可基本控制杂交稻整个生育期的草害。也可以在秧苗移栽后返青前，每亩用 72％禾大壮 250 克喷第一次；分蘖期双子叶杂草 4～6 叶时，每亩用 25％苯达松 250～300 克喷第二次。田间正常灌水。前期对稗草，后期对鸭舌草、三菱草、野慈姑等杂草都有很好的控制作用。

第七讲　马铃薯病虫害适期防治技术

　　马铃薯已成为我国第四大粮食作物，正在实施主粮化。该作物具有生产周期短，增产潜力大，市场需求广，经济效益好等特点，近年来种植规模发展很快，已成为一条农民增产增收的好途径。由于规模化种植和气候等因素的影响，马铃薯病虫害呈逐年加重趋势，严重影响了马铃薯产业的发展。

一、马铃薯主要病虫害

　　1. 主要病害　晚疫病、早疫病、青枯病、环腐病、病毒病、疮痂病、癌肿病、黑胫病、线虫、黑痣病。

　　2. 主要虫害　二十八星瓢虫、马铃薯甲虫、小地老虎、蚜虫、蛴螬、蝼蛄、块茎蛾。

二、马铃薯病虫害防治技术

1. 马铃薯晚疫病

　　（1）选种　选用脱毒抗病种薯。

　　（2）种薯处理　严格挑选无病种薯作种薯，采用25％甲霜灵锰锌2克兑水1千克均匀喷洒2 000～2 500千克种薯，晾干或阴干后进行播种。

　　（3）栽培管理　选择土质疏松、排水良好的地块种植；避免偏施氮肥和雨后田间积水；发现中心病株，及时清除。

　　（4）药剂防治　采用25％甲霜灵锰锌2克兑水1千克均匀喷洒200～250千克种薯，晾干或阴干后进行播种。

2. 马铃薯早疫病

早疫病于发病初期用 1∶1∶200 波尔多液或 77％的可杀得可湿性微粒粉剂 500 倍液茎叶喷雾，7～10 天 1 次，连喷 2～3 次。

3. 马铃薯青枯病

目前还未发现防治青枯病的有效药剂，主要还是以农业防治为主。可用 77％的可杀得 800 倍液进行灌根或用 25％络氨铜水剂 600 倍灌根。

4. 马铃薯环腐病

（1）严格留种和播种　实行无病田留种，采用整薯播种。

（2）严格选种　播种前进行室内晾种和削层检查、彻底淘汰病薯。切块种植，切刀可用 53.7％可杀得 2 000 干悬浮剂 400 倍液浸洗灭菌。切后的薯块用新植霉素 5 000 倍液或 47％加瑞农粉剂 500 倍液浸泡 30 分钟。

（3）生长期管理　结合中耕培土，及时拔出病株，并带出田外集中处理。使用过磷酸钙 25 千克/亩，穴施或按重量的 5％播种，有较好的防治效果。

5. 马铃薯病毒病

（1）建立无毒种薯繁育基地　采用茎尖组织脱毒种薯，确保无毒种薯种植。

（2）选种　选用抗耐病优良品种。

（3）栽培防病　施足有机底肥，增施钾、磷肥，实施高垄或高埂栽培。

（4）化学防治　早期用 10％的吡虫啉可湿性粉剂 2 000 倍液、1.5％植病灵乳剂 1 000 倍液或 20％病毒 A 可湿性粉 500 倍液茎叶喷雾防治。

6. 马铃薯疮痂病　防治技术同环腐病。

7. 马铃薯线虫病　用 55％茎线灵颗粒剂 1～15 千克/亩，撒在苗茎基部，然后覆土灌水。

8. 地下害虫　马铃薯地下害虫主要包括小地老虎、蛴螬和蝼蛄。防治技术可用毒土防治的方法，对小地老虎用敌敌畏 0.5 千克兑水 2.5 千克喷在 100 千克干沙土上，边喷边拌，制成毒沙，傍晚撒在苗眼附近；蛴螬和蝼蛄可用 75％辛硫磷 0.5 克加少量水，喷拌细土 125 千克，施在苗眼附近，每亩撒毒土 20 千克。

9. 二十八星瓢虫、甲虫　用 90％敌百虫颗粒 1 000 倍液或 20％氰戊菊酯 3 000 倍液喷雾。

第八讲 大豆病虫害适期防治技术

一、大豆播种至苗期病虫害防治

1. 主要防治对象 大豆潜根蝇、蛴螬、孢囊线虫病、根结线虫病、紫斑病、霜霉病、炭疽病。

2. 主要防治措施

（1）大豆潜根蝇 农业防治：与禾本科作物实行 2 年以上的轮作，增施基肥和种肥。化学防治：采用菌衣无地虫拌种，药种比为 1：60；5 月末至 6 月初用 40％辛硫磷乳油 1 000 倍液喷雾。

（2）蛴螬 用种子重量 0.2％的辛硫磷乳剂拌种，即 50％辛硫磷乳剂 50 毫升拌种 25 千克。或用 5％辛硫磷颗粒剂每亩 2.5～3 千克，加细土 15～20 千克拌匀，顺垄撒于苗根周围，施药以午后 14～18 时为宜。或用 150 亿个孢子/克球孢白僵菌可湿性粉剂 250～300 克拌沙土 20 千克，顺垄撒于田间，撒后浇水，以提高防效；或用 40％辛硫磷乳油 1 000 倍液顺垄灌根。

（3）孢囊线虫病和根结线虫病 农业防治：与禾本科作物实行 2～3 年以上的轮作。化学防治：土壤施药每亩用根结线虫二合一（1～2 套）兑水 100 千克直接冲施或灌根，或用 2％阿维菌素微囊悬浮剂沟施，每亩用药 1～1.5 千克，兑水 75 千克，然后均匀施与沟内，沟深 20 厘米左右，沟距按大豆行距，施药后将沟覆土踏实，隔 10～15 天在原药沟中播种大豆。

（4）大豆紫斑病、炭疽病 农业防治：与禾本科作物或其他非寄主植物实行 2 年以上的轮作。化学防治：播前用 80 亿个/毫升地衣芽孢杆菌包衣剂包衣，药种比为1∶60。

（5）大豆霜霉病　播种时，用5％辛菌胺菌衣剂按药种比为1∶50拌种，0.1％～0.3％种子重量的35％瑞毒霉可湿性粉剂或80％克霉灵可湿性粉剂拌种，也可用0.7％种子重量的50％多菌灵可湿性粉拌种。

二、大豆成株期至成熟期病虫害防治

1. 主要防治对象　食心虫、豆荚螟、豆天蛾、红蜘蛛、蛴螬、霜霉病、花叶病、锈病。

2. 主要防治措施

（1）食心虫　幼虫孵化盛期喷1％甲维盐乳油或25％快杀灵乳油或4.5％高效氯氰菊酯乳油1 000～1 500倍液，每亩50千克喷雾。

（2）豆荚螟　生物防治：在豆荚螟产卵始盛期释放赤眼蜂每亩2～3万头；在幼虫脱荚前（入土前）于地面上撒白僵菌剂。化学防治：在成虫盛发期和卵孵盛期喷药，可用阿维菌素、快杀灵、辉丰菊酯等药剂。

（3）豆天蛾　利用黑光灯诱杀成虫。化学防治：幼虫1～3龄前用1％甲维盐或40％甲锌宝乳油1 000～1 500倍液，每亩50千克。

（4）红蜘蛛　用0.5％阿维菌素乳油800倍液或20％爱杀螨乳油1 500～2 000倍液或15％扫螨净乳油1 500～2 000倍液，常规喷雾。

（5）蛴螬　利用黑光灯诱杀成虫，并适时灌水，控制蛴螬。化学防治：用75％辛硫磷乳剂1 000～1 500倍液灌根，每株灌药液不能少于100～200克。

（6）大豆霜霉病　用10％百菌清500～600倍或30％噁霉·多菌灵可悬浮剂800倍液或35％瑞毒霉700倍液，常规喷雾。以上药剂可交替使用，次间隔15天。

（7）大豆锈病　发病初期，用12.5％烯唑醇可湿性粉剂或20％粉锈宁乳油每亩30毫升或25％粉锈宁可湿性粉剂25克兑水50千克喷雾，严重时，隔10～15天再喷1次。

第九讲　谷子病虫害适期防治技术

一、谷子播种至苗期病虫害防治

1. 主要防治对象　蝼蛄、白发病、胡麻斑病。

2. 主要防治措施

（1）蝼蛄　灯光诱杀、堆粪诱杀、毒饵诱杀和药剂拌种：用菌衣地虫死液剂按药种比 1：60 拌种或 50％辛硫磷 0.5 千克兑水 20～30 千克，拌种 300 千克。用药量准确，拌混要均匀。

（2）谷子白发病　播种时用地衣芽孢杆菌水剂按药种比 1：60 拌种或 25％瑞毒霉可湿性粉剂，按种子量 0.2％拌种。

（3）谷子胡麻斑病　用地衣芽孢杆菌水剂按药种比 1：60 拌种或 50％多菌灵可湿性粉剂 1 000 倍液浸种 2 天。

二、谷子成株期至成熟期病虫害防治

1. 主要防治对象　胡麻斑病、叶锈病、粟灰螟。

2. 主要防治措施

（1）谷子胡麻斑病　农业防治：增施有机肥和钾肥，磷、钾肥配合。化学防治：用 23％络氨铜或 28％井冈·多菌灵或 70％甲基硫菌灵可湿性粉剂每亩 75～100 克，常规喷雾。

（2）谷子叶锈病　用 1.8％辛菌胺水剂 800 倍液喷施，20％粉锈宁乳油每亩 30 毫升或 25％粉锈宁可湿性粉剂 25 克，兑水 50 千克喷雾。

（3）谷子粟灰螟　苗期（5 月底至 6 月初）可用 0.1％～0.2％辛硫磷毒土撒心。或用 Bt 制剂每亩 250 克或 250 毫升，兑水 50 千克喷雾。

第十讲　甘薯病虫害适期防治技术

一、甘薯育苗至扦插期病虫害防治

1. 主要防治对象　黑斑病、茎线虫病。

2. 主要防治措施

（1）甘薯黑斑病　种薯可用地衣芽孢杆菌水 800 倍液浸种 3 分钟左右，或 50％多菌灵可湿性粉剂 800～1 000 倍液浸种 2～5 分钟，1 000～2 000 倍药液蘸薯苗基部 10 分钟。如扦插剪下的薯苗可用 70％甲基硫菌灵可湿性粉剂 500 倍液浸苗 10 分钟，防效可达 90％～100％，浸后随即扦插。

（2）甘薯茎线虫病　加强检疫工作。每亩用根结线虫二合一 1～2 套灌根，或用 2％阿维菌素微囊悬浮剂每亩施 1 千克，或 50％辛硫磷乳剂亩施 0.25～0.35 千克，将药均匀拌入 20～25 千克细干土后晾干，扦插时将毒土先施于栽植穴内，然后浇水，待水渗下后栽秧。

二、甘薯生长期至成熟期病虫害防治

1. 主要防治对象　甘薯天蛾、斜纹夜蛾。

2. 主要防治措施

（1）甘薯天蛾　农业防治：在幼虫盛发期，及时捏杀新卷叶内的幼虫；或摘除虫害苞叶，集中杀死。化学防治：在幼虫 3 龄前的下午 16 时后喷洒 1％甲维盐乳油 1 000 倍液，或 50％辛硫磷乳油 1 000倍液，或菊酯类农药 1 500 倍液，亩用药液 50 千克。

（2）斜纹夜蛾　人工防治：摘除卵块，集中深埋；用黑光灯诱杀成虫。化学防治：用 1％甲维盐乳油 1 000 倍液，或 4.5％高效氯氰菊酯 1 000 倍液，或用 20％灭扫利乳油 1 000～1 500 倍液，常规喷雾。

三、甘薯收获期至储藏期病虫害防治

1. 主要防治对象　软腐病、环腐病、干腐病。

2. 主要防治措施

（1）适时收获　收获期及时收获，避免冻害。

（2）精选薯块　选无病虫害、无伤冻害的薯块作种。

（3）清洁薯窖，消毒灭菌　旧窖要打扫清洁，或将窖壁刨土见新，然后用 10％百菌清烟雾剂或硫黄熏蒸。

第十一讲　棉花病虫害适期防治技术

一、棉花播种期病虫害防治

棉花播种期（4月中下旬至5月上旬）病虫害防治主要内容为：

1. 主要防治对象　立枯病、炭疽病、红腐病、茎枯病、角斑病、黑斑病、轮纹斑病、褐斑病、疫病。

2. 主要防治措施

（1）农业防治　一般以5厘米地温稳定在12℃以上时开始播种为宜，加强田间管理，播前施足底肥，并整好地。

（2）种子处理　选种、晒种、温汤浸种、药剂拌种及种子包衣。将经过粒选的种子于播前15天暴晒30～60小时，以促进种子后熟和杀死短绒上的病菌，播种前一天将种子用55～60℃温水浸种半小时，水和种子比例是2.5∶1，浸种时充分搅拌，使种子受温一致，捞出稍晾后，用80亿单位地衣芽孢杆菌或50%多菌灵或70%甲基硫菌灵可湿性粉剂按种子重量的0.5%～0.8%拌种。使用菌衣地虫死包衣剂按1∶30包衣种子。

二、棉花苗期病虫害防治

棉花苗期（5月上旬至6月上旬）病虫害防治主要内容为：

1. 主要防治对象　立枯病、炭疽病、红腐病、茎枯病、角斑病、黑斑病、轮纹斑病、褐斑病、疫病。蚜虫、红蜘蛛、盲椿象、蓟马和地老虎。

2. 主要防治措施

（1）病害防治　用 80 亿单位地衣芽孢杆菌水剂或 1.8％辛菌胺水剂或 28％井冈·多菌灵或 70％甲基硫菌灵 800～1 000 倍液，或 45％代森锌 500～800 倍液常规喷雾。

（2）蚜虫、叶螨防治　用 19％克蚜宝乳油或 10％吡虫啉乳油、1.8％阿维菌素乳油、15％扫螨净乳油等药剂按说明书常规喷雾。

（3）盲椿象、蓟马防治　用 4.5％高效氯氢菊酯乳油、10％吡虫啉乳油、10％大功臣乳油、40％蟪龟必杀乳油等药剂喷雾防治。

（4）地老虎防治　用敌百虫拌菜叶和麦麸制成毒饵诱杀。

三、棉花蕾期病虫害防治

棉花蕾期（6 月中旬至 7 月中旬）病虫害防治主要内容为：

1. 主要防治对象　棉铃虫、盲椿象、蓟马、红蜘蛛、棉花枯萎病。

2. 主要防治措施

（1）棉铃虫防治　农业、物理、生物、化学防治相结合。农业防治措施：秋耕冬灌、消灭部分越冬蛹；物理防治：种植玉米诱集带、安装杀虫灯、插杨柳枝诱杀成虫、人工抹卵、捉幼虫；生物防治：利用 Bt、NPV 病毒杀虫剂；化学防治：叶面喷洒阿维菌素乳油 1 500 倍液、4.5％高效氯氢菊酯乳油 1 000 倍液常规喷雾。

（2）棉花枯黄萎病防治　在选用抗病品种作基础，用 1.8％辛菌胺水剂 200～300 倍液喷洒，间隔 10～14 天再喷 1 次，连续 2～3 次。

（3）其他虫害防治　参考前述防治方法。

四、棉花花铃期病虫害防治

棉花花铃期（7 月下旬至 9 月中旬）病虫害防治主要内容为：

1. 主要防治对象　棉铃虫、造桥虫、伏蚜、红蜘蛛、红铃虫、象鼻虫、细菌性角斑病、棉花黄萎病。

2. 主要防治措施

（1）化学防治　三、四代棉铃虫：用4.5%高效氯氰菊酯乳油、或12%毒·高氯乳油、50%辛硫磷乳油、25%氰戊·辛硫磷乳油、26%辛硫·高氯乳油800～1 000倍液喷洒，交替使用。同时兼治造桥虫、红铃虫。

（2）象鼻虫防治　4.5%高效氯氰菊酯＋煤油（柴油）喷雾防治；角斑病用80亿单位地衣芽孢杆菌水剂或77%氢氧化铜粉剂或30%琥胶肥酸铜粉剂（DT杀菌剂）等防治。

（3）其他病虫害防治　参考前述防治方法。

五、棉花吐絮期病虫害防治

棉花吐絮期（9月中旬至10月中旬）病虫害防治主要内容为：

1. 主要防治对象　造桥虫。

2. 主要防治措施　1%甲维盐乳油或50%辛硫磷乳油800～1 000倍液防治。

第十二讲　花生病虫害适期防治技术

一、花生主要病虫害

茎腐病、立枯病、冠腐病、白绢病、叶斑病、病毒病；根结线虫、地下害虫、红蜘蛛、蚜虫、棉铃虫和鼠类。

二、花生病虫害防治技术

（一）播种前

1. 轮作倒茬　实行与禾本科作物或甘薯、棉花等轮作，有效降低田间病原。

2. 科学施肥　播前施足底肥，生育期内科学追肥，并注意补肥。

3 精选良种　选用适宜当地栽培的抗病品种，并在播前精选种子和晒种。

4. 灭鼠　及时采用灌水或毒饵诱杀的办法消灭鼠类。

（二）苗期（播种至团棵）

以播后鼠害、草害、地下害虫和茎腐病、立枯病、冠腐病、白绢病害为主攻对象，兼治苗期红蜘蛛、蚜虫以及其他食叶性害虫。

1. 拌种　在选晒种的基础上，搞好种子处理，用花生专用菌衣地虫灵（药种比 1：50）拌种，或地衣芽孢杆菌（药种比 1：60）拌种，或按种子量的 0.2％加 50％多菌灵可湿性粉剂，加适量水混合拌种，可防鼠、防虫、防病。

2. 播后苗前杂草防治　及时采用 48％腐乐灵乳油每亩 110 克

或 50％扑草净每亩 130 克或 43％甲草胺乳剂 200 克，兑水 50 千克喷雾除草；若是麦垄套种则于花生 1～3 复叶期、阔叶草 2～5 叶期，采用 48％苯达松水剂 170 毫升配 10.8％高效氟吡甲禾灵 30 毫升，兑水 40 千克喷雾，可杀死单双子叶并防莎草。

3. 叶部病害防治　　及时（一般 7 月中旬开始）喷施 20％吗胍·硫酸铜水剂或 25％酸式络氨铜水剂每亩用 30～50 克或喷施 50％多菌灵可湿性粉剂 400 倍液或 70％甲基硫菌灵 500 倍液，可有效控病菌繁殖体的生长，防止花生叶部病害的侵染和发生。

4. 缺素症防治及提高抗逆性　　及早喷施高能锌、高能铜、高能硼或复合微肥以防花生缺素症的发生和提高花生植株抗逆能力。

5. 防治蚜虫、蓟马　　花生蚜虫一般于 5 月底至 6 月初出现第一次高峰有翅蚜，夏播则在 6 月中上旬，首先为点片发生期，之后田间普遍发生。蓟马则在麦收后转入花生危害，一般选用 10％吡虫啉可湿性粉剂 2 000 倍液，或每亩用 10％吡虫啉可湿性粉剂 10 克、25％噻虫嗪水分散粒剂 2～4 克或 80％烯啶·吡蚜酮可湿性粉剂 4 克，兑水 15 千克均匀喷雾，第一次防治在 6 月中旬，第二次则在 6 月下旬，同时能兼治蛴螬成虫。

6. 苗后杂草防除　　继续拔除个别杂草。

（三）开花下针期

此期是管理的关键时期，用 0.004％芸薹素内酯 10 克兑水 15 千克，喷匀为度或用 1.4％的复硝酚钠 10 克兑水 15 千克，间隔 15 天喷 2～3 次，增产显著，且提高品质。多年来，花生区常用多效唑控制旺长，企图增加产量，其实多效唑在花生上且不可过量，过量造成根部木质化，收获时出现秕荚和果柄断掉，无法机械收获而减产。这个时期的主要虫害是蚜虫、红蜘蛛和二代棉铃虫以及其他一些有害生物。蚜虫、红蜘蛛应按苗期防治方法继续防治或兼治。对二代棉铃虫则在百墩卵粒达 40 粒以上时每亩用 Bt 乳剂 250 毫升加 0.5％阿维菌素（又名齐螨素）40 毫升兑水 30～50 千克喷雾，7 天后再防治 1 次。或亩用 50％辛硫磷乳油 50 毫升加 20％杀灭菊酯 30 毫升兑水 50 千克喷雾，并能兼治金龟子和其他食叶性害虫。

（四）荚果期

为多种病虫害生发期，主要有二、三代棉铃虫、蛴螬、叶斑病等，鼠害的防治也应从此时开始。防治上应采取多种病虫害兼治混配施药。

1. 蛴螬防治

（1）成虫防治　防治成虫是减少田间虫卵密度的有效措施，根据不同金龟子生活习性，抓住成虫盛发期和产卵之前，采用药剂扑杀或人工扑杀相结合的办法。即采用田间插榆、杨、桑等枝条的办法，每亩均匀插6～7撮，枝条上喷500倍40％辛硫磷乳油毒杀。

（2）幼虫防治　6月下旬至7月上旬是当年蛴螬的低龄幼虫期，此期正是大量果针入土结荚期，是治虫保果的关键时期。可结合培土迎针，顺垄施毒土或灌毒液配合灌水防治。每亩用3％辛硫磷颗粒剂5千克加细土20千克，覆土后灌水。也可每亩使用40％辛硫磷乳油300毫升兑水700千克灌穴后普遍灌水。防治花生蛴螬要在卵盛期和幼虫孵化初盛期各防治1次。

2. 棉铃虫及其他食叶害虫防治　棉铃虫对花生的危害以第三代危害最重，应着重把幼虫消灭在3龄以前，可每亩用Bt乳剂250毫升加40％辛硫磷乳油50毫升，兑水50千克在产卵盛期喷雾；也可选用40％辛硫磷乳油50毫升加20％氰戊菊酯30毫升，兑水50千克在产卵盛期喷雾，于7天后再喷防一遍。

3. 棉花叶斑病防治　花生叶斑病只要按质、按量、按时进行防治，就能收到良好效果，一般7月中下旬至8月上旬是叶斑病的始盛期，当病叶率达10％～15％时，每亩用80亿单位地衣芽孢杆菌60～100克，或28％井冈·多菌灵悬浮剂80克或45％代森铵水剂100克，或80％新万生（大生）可湿性粉剂100克，兑水50千克喷雾防治，10天后再喷1次，效果更好。如果以花生网斑病为主，则以80亿单位地衣芽孢杆菌新万生或代森锰锌为主。

4. 棉花锈病防治　花生锈病是一种爆发性流行病害。一般在8月上中旬发生，8月下旬流行。8月上中旬田间病叶率达15％～30％时，及时用15％粉锈宁可湿性粉剂100克，或12.5％禾果利可湿性粉剂 30 克，或 12.5％戊唑醇可湿性粉剂 30～50 克，或 12.5％氟环唑 40～60 克，兑水常量喷雾，隔 7 天喷 1 次，连防 2 次。或用 15％三唑酮可湿性粉剂 800 倍液防治。锈病流行年份，避免用多菌灵药剂防治叶斑病，以免加重锈病危害。

5. 及时防治田间鼠害　8 月中下旬是各种鼠危害盛期，应在危害盛期之前选用毒饵防除。

以上病虫害混发时，则应混合用药，以减少用药次数，兼治各种病虫害。另外，还应和喷生长调节剂 2.85％萘乙·硝钠水剂每亩用量 50 克或芸薹素内脂和单元素微肥如高能钾、高能锌、高能硼、高能铜、高能钼、高能锰胶囊轮流或结合起来用药防病虫。

（五）收获期

以综合预防为主，减轻来年病虫草鼠害的发生。

1. 防止收获期田间积水，造成荚果霉烂。

2. 结合收获灭除蛴螬。

3. 留种田花生荚果收获后及时晾晒，防止霉烂，预防茎腐病。

4. 消除田间杂草及病株残体，减轻叶斑病、茎腐病的土壤带菌率和杂草种子。

5. 利用作物空白期抢刨田间鼠洞，破坏其洞道并人工捕鼠，减轻来年鼠害。

第十三讲　芝麻病虫害适期防治技术

一、芝麻播种期至苗期病虫害防治

1. 主要防治对象　茎点枯病、叶枯病、枯萎病、地老虎。

2. 主要防治措施

（1）芝麻茎点枯病　农业防治：与棉花、甘薯作物进行 3～5 年轮作；播前用 55℃温水浸种 10 分钟或用 60℃温水浸种 5 分钟。化学防治：每 500 克种子用 80 亿单位地衣芽孢杆菌 10 克拌种，也可用种子量 0.1％～0.3％的多菌灵处理种子。

（2）芝麻枯萎病　农业防治：与禾本科作物进行 3～5 年轮作。化学防治：播前用 1.8％辛菌胺 200 倍液浸种，或 0.5％硫酸铜溶液浸种 30 分钟。

（3）芝麻叶枯病　农业防治：播前用 53℃温水浸种 5 分钟。化学防治：用 70％甲基硫菌灵 700 倍液喷洒。

（4）地老虎　农业防治：在苗期，每天清晨检查，发现被害幼苗，便可拨开土层人工捕杀。化学防治：一是毒饵诱杀：用青草 15～20 千克加敌百虫 250 克；或用糖醋毒草，即将嫩草切成 1 厘米左右长的草段，用糖精 5 克、醋 250 克、90％敌百虫晶体 5 克兑水 1 千克，配成糖醋液，喷在草段上制成毒饵，撒在田间毒杀。二是直接喷药毒杀：用 50％辛硫磷乳油 1 000 倍液喷洒芝麻幼苗和附近杂草。

二、芝麻成株期至收获期病虫害防治

1. 主要防治对象　茎点枯病、叶枯病、枯萎病、甜菜夜蛾。

2. 主要防治措施

（1）芝麻茎点枯病　用 28％井冈·多菌灵胶悬剂 700 倍液或用 70％甲基硫菌灵 800～1 000 倍液于蕾期、盛花期喷洒，每次每亩用量 75 千克。

（2）芝麻枯萎病　80 亿单位地衣芽孢杆菌液剂亩用 50～100克喷施，23％络氨铜防治，每 10 天喷 1 次，连喷 2～3 次。

（3）芝麻叶枯病　用 70％甲基硫菌灵或 28％井冈·多菌灵 700 倍液在初花和终花期各喷 1 次。

（4）甜菜夜蛾　用 0.5％阿维菌素 500 倍液或 1％甲维盐 1 000倍液或灭幼脲三号 500～1 000 倍液加 5％高效氯氢菊酯 1 000 倍液喷雾；或用 50％辛硫磷 1 000 倍液喷雾，在早 8 时前和晚 18 时后用药比较适宜。

第十四讲　油菜病虫害适期防治技术

一、油菜播种期病虫害防治

播种期是防治病虫害的关键时期；油菜黑斑病主要靠种子或土壤带菌进行传播，而且从幼苗期就开始侵染，对于这类病害，进行种子处理是最有效的防治措施，同时是提高幼苗抗逆能力的必要措施。在该时期需要防治的主要虫害有蛴螬、蝼蛄、金针虫等地下害虫，土壤处理可以防治油菜蚜虫越冬幼虫，药剂拌种可以减少地下害虫及其他苗期害虫及苗期病害的危害。

种子处理防治病害。用种子重量 0.2%～0.3%的 50%异菌脲可湿性粉剂拌种，也可用 10～15 克 70%甲基硫菌灵或 50%多菌灵可湿性粉剂拌种 5 千克种子，对苗期病害有一定的控制作用，可减轻白锈病、霜霉病的发生。

种子处理防治地下害虫。用 50%辛硫磷乳油 0.5 千克兑水 20～25千克，拌种 250～300 千克；或 60%吡虫啉悬浮种衣剂 10 克兑水 30 克拌种 300 克，可有效防治一般地下害虫，后者可防治苗后前期蚜虫。

二、油菜冬前秋苗期至返青期病虫害防治

该期病虫害发生相对较轻，但有些年份因气温相对偏高，病毒病、根腐病、蚜虫、小菜蛾、菜螟、跳甲和猿叶甲等也有发生，可根据具体情况进行防治。

防治苗期蚜虫，控制病毒病。每亩用 25%吡蚜酮可湿性粉剂

20 克或 10％烯啶虫胺水分散颗粒剂 6 克或 70％吡虫啉水分散颗粒剂 8～10 克，以上药剂任选一种，加 2.5％高效氟氯氰菊酯乳油 20 毫升，兑水 50 千克进行叶面喷雾，间隔 7～10 天 1 次，连续防治 2～3 次。同时兼治食叶害虫。蚜虫多聚集在新叶及叶背皱缩处，药剂一定要喷洒均匀。

喷施 50％苯菌灵可湿性粉剂 1 000 倍液、50％多菌灵可湿性粉剂 600～800 倍液，可以防治油菜苗期的一般病害。

三、油菜抽薹开花期病虫害防治

早春，随着气温的回升，病菌、害虫开始活动，是预防病虫害的关键时期。这一时期的主要防治对象是菌核病、霜霉病、白锈病、病毒病、黑斑病、潜叶蝇、小菜蛾、菜蜻、跳甲和猿叶甲以及其他的偶发虫害和病害。

在菌核病普遍发生的地区，可改善油菜生态环境。如重施基肥、苗肥，早施或控施蕾薹肥，施足磷、钾肥，防止贪青倒伏；深沟窄畦，清沟防渍；在油菜开花期摘除病、黄、老叶。适时播种，在适当迟播的基础上，选用 36％多菌灵·咪鲜胺可湿性粉剂 40～50 克/亩、43％戊唑醇悬浮剂 30～40 克/亩、25％丙环唑乳油 25～30 毫升/亩，兑水 40～50 千克均匀喷雾。同时可兼治黑斑病。也可选用 25％吡唑醚菌酯乳油 20～30 毫升/亩均匀喷雾，可兼防霜霉病及其他病害。

当霜霉病病株率达到 20％以上时，及时喷施 58％甲霜灵·代森锰锌可湿性粉剂 200 倍液、72％霜脲·锰锌可湿性粉剂 800 倍液，间隔 7～10 天 1 次，连续防治 2～3 次。多雨天气应抢晴喷施，并适当增及喷药次数。同时可兼治白锈病。

防治潜叶蝇、小菜蛾、菜蜻、跳甲和猿叶甲等，喷施 2.5％氟氯氰菊酯水乳剂 1 000 倍液、1.8％阿维菌素微乳剂 1 000 倍液、1.5％甲氨基阿维菌素苯甲酸盐 1 000 倍液、5％氟虫脲乳油 1 000 倍液、5％氟啶脲乳油 500～1 000 倍液。

四、油菜绿熟至成熟期病虫害防治

从终花到角果籽粒成熟的一段时间称为角果发育成熟期，是角果发育、种子形成、油分累积的过程，具体又可分为绿熟期、黄熟期和完熟期。角果发育的特点是长度增长快，宽度增长慢。40％的种子干物质是由角果皮光合产物提供。4月油菜进入绿熟期，是油菜丰产丰收的关键时期。

该期要立足分析环境影响，洞察病虫发生趋势，加强预测预报；确保上述病虫害在大流行前及时进行防治；防治策略上以治疗为主，更具有针对性和时限性，特别注意常发病虫害的关键性防治和突发病虫害的针对性防治，确保丰收。

防治药剂和方法参考抽薹开花期病虫害的防治。

第十五讲　西（甜）瓜病虫害适期防治技术

一、西（甜）瓜播种至苗期病虫害防治

1. 主要防治对象　猝倒病、枯萎病、炭疽病。

2. 主要防治措施

（1）西（甜）瓜立枯病、猝倒病　选择地势高、排灌好、未种过瓜类作物的田块，在刚出现病株时立即拔除，并喷洒杀菌剂，如立枯猝倒防死或络氨铜或地衣芽孢杆菌加上高能锌、高能硼、高能铁等，因为在苗期这三种元素易流失。

（2）西（甜）瓜枯萎病、病毒病　农业防治：在无病植株上采种；实行与非瓜类、茄果类作物轮作；采用瓠瓜或南瓜作砧木进行嫁接防除。化学防治：发病初期用辛菌胺醋酸盐水剂 600 倍液或80 亿地衣芽孢杆菌水剂 800 倍液或多抗霉素 800 倍液交替灌根，间隔 7～10 天 1 次，连续 2～3 次。

（3）西（甜）瓜炭疽病、叶斑病　农业防治：实行与非瓜类、茄果类作物轮作，一般要间隔 3 年以上；播种前进行种子消毒，用55℃温水汤种 15 分钟，或用 40％甲醛 100 倍液浸种 30 分钟，清水洗净后催芽或用西瓜专用地衣芽孢杆菌直接包衣下种。化学防治：发病初期用 20％噻菌铜 1 000～1 500 倍液或 25％酸式络氨铜600 倍液或炭疽福美 500 倍液，连喷 2～3 次。

二、西（甜）瓜成株期病虫害防治

1. 主要防治对象　叶枯病、枯萎病、疫病、病毒病；瓜蚜、黄守瓜、潜叶蝇、蛞蝓、白粉虱。

2. 主要防治措施

（1）西（甜）瓜叶枯病　用 80 亿单位地衣芽孢杆菌水剂 800 倍液或 25％络氨铜水剂 1 000 倍液或 28％井冈·多菌灵 800 倍液，常规喷雾，以上几种药液可交替使用，连喷 2～3 次。

（2）西（甜）瓜疫病　在发病初期用 80 亿单位地衣芽孢杆菌水剂 800 倍液或 25％络氨铜水剂 1 000 倍液或 25％瑞毒霉 600 倍液或 40％疫霜灵 800 倍液或 75％百菌清 500 倍液，常规喷雾，连喷 2～3次。

（3）西（甜）瓜病毒病　农业防治：增施有机肥和磷、钾肥，加强栽培管理，并及时消除蚜虫，消灭传毒媒介。化学防治：初期用 20％吗胍·硫酸铜水剂 800～1 000 倍液喷施或 31％氮苷·吗啉胍可溶性粉剂 1 000 倍液喷施，或 0.5％香菇多糖水剂 400～600 倍液喷施预防；成株期用 1.26％辛菌胺加高能锌等药剂配合多元素复合肥常规喷雾防治，间隔 7～10 天，一般喷 2～3 次。病毒病严重时用 20％吗胍·硫酸铜水剂 800～1 000 倍液喷施或 31％氮苷·吗啉胍可溶性粉剂 1 000 倍液喷施加高能锌胶囊连用 2 次，间隔 3天，效果显著。

（4）西（甜）瓜枯萎病　80 亿单位地衣芽孢杆菌水剂 800 倍液或 5％菌毒清 800～1 000 倍液叶面喷施，严重时加高能钙，把喷头去掉侧喷茎基根部，或 25％络氨铜水剂 1 000 倍液或用 70％甲基硫菌灵 1 000 倍液或农抗 120 水剂 100～150 倍液或 10％双效灵 300 倍液淋根。

（5）瓜蚜　用 70％蚜螨净乳油 1 000～1 500 倍液或 20％三氯·哒螨乳油 2 000～3 000 倍液，常规喷洒。也可用 20％速灭杀丁或 2.5％敌杀死、2.5％功夫、40％菊马乳油等 2 000～3 000 倍液喷洒于叶片背面及嫩茎等蚜虫喜欢聚集的部位。

（6）黄守瓜　农业防治：清晨露水未干时人工捕捉；在瓜秧根部附近覆一层麦壳、谷糠，防止成虫产卵，减少幼虫危害。化学防治：用90％晶体敌百虫800倍液喷洒或2 000倍液灌根。

（7）潜叶蝇　用斑潜·菌毒二合一每亩用1套，或1.8％虫螨克8 000倍液。或用90％敌百虫1 000～1 500倍液喷雾。用阿维菌素乳油、阿维高氯乳油在瓜叶出现潜道时常规喷药，可杀死幼虫，也可杀死成虫，是防治的关键时期。喷药时注意叶片背面，成虫主要在背面及边缘产卵。

（8）蛞蝓　农业防治：铲除田边杂草并撒上生石灰，减少孳生之地；提倡地膜栽培，以减轻危害；撒石灰带，每亩用石灰粉5～10千克。化学防治：用0.5％阿维菌素或8％灭蜗灵颗粒剂或10％多聚乙醛颗粒剂按使用说明剂量进行撒施。

（9）白粉虱　用药要早，主攻点片发生阶段。用吡虫啉乳油2 000倍液、或20％甲氰菊酯乳油2 000倍液、或70％克螨特乳油2 000倍液喷雾，喷雾时加米汤200毫升（2勺）左右，有增效作用，隔7～10天喷1次。

第十六讲　设施黄瓜病虫害适期防治技术

一、设施黄瓜病害防治

1. 培育壮苗　选用抗病、耐病品种，做好种子处理，培育适龄壮苗。

（1）因地制宜，选择品种　一般宜选用结果性好，早熟、耐低温、耐热的品种。

（2）做好种子处理

①恒温处理种子。将阳光下晒干的种子，放在恒温箱进行干热处理 48 小时，以消灭部分病毒和细菌。

②温汤浸种。将种子放入干净容器中，稍放一点凉水泡 15 分钟之后，加入热水使水温达 55℃，浸种 20 分钟，期间不断搅拌，待水温降到 30℃时，将种子捞出，滤掉水膜，加入蔬菜种子专用地衣芽孢杆菌包衣剂包衣，晾 5 分钟后直接下种育苗。或 25%瑞毒霉 400 倍药液浸种 1 小时，再放进 30℃水中浸泡 1～1.5 小时，然后捞出催芽。

③常温处理。浸种后，将种子晾至种皮无水膜，加入蔬菜种子专用地衣芽孢杆菌包衣剂包衣晾 5 分钟后直接下种育苗。

（3）营养土配置与消毒　选用未种过瓜类的肥沃园土，加入充分发酵腐熟好的农家肥和马粪各 1/3，粉碎过筛，同时每平方米苗床用 5 千克毒土（1.8%的辛菌胺醋酸盐 5～8 克，或 28%井冈·多菌灵悬浮剂或 25%酸式络氨铜 8～10 克拌细土），1/3 量播前撒施，2/3 量盖种，防治苗期猝倒病和立枯病。

（4）变温管理，培育抗病壮苗　播种后出苗前保持温度 25～30℃，80％出土后及时放风降温，白天 23～25℃，夜间 13～15℃；一叶一心时加大昼夜温差，白天 25～28℃，夜间可降至 12℃，增加养分积累，防止徒长，培育壮苗。或喷施 2.85％硝钠·萘乙酸水剂 1 000～1 500 倍液或芸薹素。

2. 平衡施肥，提高土壤肥力，增强植株抗性

（1）增施有机肥，配施氮磷钾　一般每亩施优质有机肥 5 000 千克、过磷酸钙 100～150 千克、饼肥 300～500 千克、硫酸钾 40 千克，按照 1/3 量普施深翻，其余 2/3 集中施于畦底，以充分发挥肥效。

（2）巧施追肥，促使黄瓜稳健生长　及时追肥，促秧苗壮、抗病，在追肥上本着"少吃多餐，两头少，中间多"的原则，做到及时合理，用法上以开沟条施并及时覆土为宜；种类上以腐熟有机肥配合适量的氮磷钾化肥；时期上，当根瓜长到 10 厘米长以后，每株埋施充分腐熟的鸡粪或发酵好的饼肥 150～200 克，盛瓜期每 7～10天每亩冲施 1 000 千克人粪稀或 20 千克硝酸铵加 15 千克硫酸钾，以满足黄瓜对肥料的需求。

①小水灰。将 1 千克小灰（草木灰）加 14 千克清水浸泡 24 小时，淋出 10 千克澄清液，直接叶面喷洒，亦可结合防病用药喷洒。

②糖钾尿醋水。用白糖、尿素、磷酸二氢钾、食醋各 0.4 千克，溶于 100 千克水中叶面喷洒，能促使叶片变厚，细胞变密，叶绿素含量提高，增强抗病能力，一般每 7 天 1 次。

③巧施冲施肥。用以辛菌胺（5％菌毒清）为主的原生汁冲施肥，每亩 1～2 千克，用时可加优质尿素 10 千克，撒施后浇水或直接冲施，苗期定植后 1 次，初花期 1 次，盛瓜期 1～2 次，间隔 15天，可提质增产。

④麦糠水。用细麦糠或麦麸 5～6 千克兑水 50 千克浸泡 24 小时，取其澄清过滤液直接喷洒，并根据黄瓜需要轮配入一定量的高能硼、高能锌、高能铁、高能钼等微肥胶囊，或每样 1 粒 1 次喷施。一般喷 4～6 次，注意晴天多放风补充 CO_2，阴雨雪低温无法

放风时，增施 CO_2 能量神增温剂。

3. 搞好温湿度管理，进行生态防治

（1）灌水　灌水实行膜下暗灌，有条件的利用滴灌。冬季和早春灌水应在坏天气刚过，好天气刚开始的上午进行，浇水后应闭棚升温 1 小时，再放风排湿 3～4 小时，若棚内温度低于 25℃，则关闭风口提高温度至 32℃，持续 1 小时，再大通风，夜间最低温度可降至 12～13℃，这样有利于排湿和减少当夜叶面上水膜的形成。

（2）温、湿度调控　白天上午温度 28～32℃，不超过 35℃，即日出前排湿 1 小时，日出后充分利用阳光闭棚升温，超过 28℃开始放风，超过 32℃加大放风量，以不超过 35℃高温。下午大通风温度降到 20～25℃，晚上，前半夜温度控制在 15～20℃，后半夜 10～13℃。

4. 重点防治和普遍防治相结合　一般情况下，以霜霉病、炭疽病、角斑病和真菌性叶斑类为主线，用药上分清主次，配合使用，尽量减少喷药次数。预防期夜里用 10％百菌清烟雾剂烟雾杀菌，标准棚室（高 2～2.8 米，跨 4 米以上）每亩用 200～300 克烟熏，严重时白天再用嘧霉·多菌灵加硫酸链霉素；霜霉病发生时，采用 1.8％辛菌胺加 20％噻菌铜悬浮剂或多抗霉素 25％络氨铜、77％氢氧化铜粉剂、30％琥胶肥酸铜加瑞毒霉可湿性粉剂 1 000 倍液喷雾。炭疽病、叶斑病则选用 25％络氨铜可溶液剂 600 倍液喷雾。黑心病、根腐病等选用 80 亿单位地衣芽孢杆菌 500 倍液灌根防治。

二、设施黄瓜虫害防治

温棚黄瓜虫害主要有白粉虱、瓜蚜、蓟马、斑潜蝇、茶黄螨、黄守瓜、瓜绢螟及瓜种蝇、蝼蛄、蛴螬、金针虫等地下害虫。

（一）白粉虱

成虫和幼虫群聚危害，并分泌大量蜜液，严重污染叶片和果实，并引起煤污病。

1. 农业防治

（1）培育"无虫苗"　育苗前熏蒸温室除去残余虫口，清除杂草残株，在温室通风口加一层尼龙纱，避免外来虫源。

（2）尽量避免混栽　特别是黄瓜、番茄、菜豆不能混栽。调整生产茬口也是有效的方法，即头茬安排芹菜、甜椒等白粉虱危害轻的蔬菜，二茬再种黄瓜、番茄。

（3）摘除老叶并烧毁　老龄若虫多分布于下部叶片，茄果类整枝时，适当摘除部分老叶，深埋或烧毁以减少种群数量。

2. 生物防治　在温室内释放丽蚜小蜂可有效防治温室中的白粉虱，当白粉虱成虫平均达到每株 0.5 头时，开始释放防治，以后每隔两周释放一次，共释放 3 次，每次按每株 5 头量释放。

3. 物理防治　黄色对白粉虱成虫有强烈诱集作用：在温室设置黄板 1 米×0.7 米纤维板或硬纸板，涂成橙皮黄色，再涂上一层黏油，每亩用 32～34 块，诱杀成虫效果显著。黄板设置于行间，与植株高度相平，黏油一般使用 10 号机油加少许黄油调均，7～10 天重涂 1 次。注意防止油滴在作物上造成烧伤。

4. 化学防治　白粉虱具有个体小、数量大、繁殖快、危害广的特点，一旦发生，极难控制，因此，要勤视察，以预防为主，同时要不间断地连续防治，方可达到良好的效果。

（1）用背负式机动发烟器或 3mf - 3 背负式植保多用机将 1% 溴氰菊酯或 2.5% 戊菊酯（杀灭菊酯）油剂雾化成 0.5～5 微米的雾滴，悬浮在空气中杀灭成虫。

（2）当平均每株成虫 2.7 头和 6.6 头时，用 25% 噻嗪酮（扑虱灵）可湿性粉剂 100 毫克/千克和 200 毫克/千克喷 1～2 次，当成虫为 19.5 头时，用扑虱灵 100 毫克/千克和联苯菊酯（天王星）5 毫克/千克混用喷 2 次。

（3）2.5% 溴氰菊酯或 20% 灭扫利乳油 2 000 倍液喷雾隔 6～7 天 1 次，连续防治 3 次。

（4）甲基克杀螨（灭螨猛）可湿性粉剂 1 500 倍液，联苯菊酯水乳剂 0.8～2 克/亩，用药后 1 天对成虫防效在 99% 以上。

（二）黄瓜蚜虫

黄瓜受蚜虫危害后叶片卷缩，瓜苗萎蔫，甚至枯死。老叶受害，提前枯落，缩短结瓜期，造成减产。

1. 农业防治　培育无虫壮苗。严格从育苗时期用好防虫网，培育无虫苗。

2. 物理防治　用黄板诱蚜。利用蚜虫对黄色的趋性，采用黄板诱蚜。

3. 生物防治　保护天敌，如小黑蛛、星豹蛛、突花蛛、七星瓢虫、龟纹瓢虫、黑襟毛瓢、中华草蛉、食蚜蝇、华姬猎蝽、微小蝽、蚜茧蜂、丽草蛉、大草蛉、瘿蚊、蚜霉菌等。

4. 化学防治

（1）发现有蚜虫危害时，可用 0.65％茴蒿素水剂 100 毫升，兑水 30～40 千克后喷洒，或 2.25％的韶关霉素粉剂 200 倍液，加 0.01％洗衣粉，或 2.5％鱼藤精乳油 600～800 倍液，或用烟草水（烟：水为 1∶30～40）喷洒。

（2）40％菊·马乳油 2 000 倍液，或 21％增效氰·马（灭杀毙）乳油 4 000 倍液，或 2.5％氯氟氰菊酯（功夫）乳油 3 000 倍液，或 2.5％联苯菊酯乳油 3 000 倍液，或 10％吡虫啉可湿性粉剂 2 000 倍液，隔 10～15 天再喷 1 次。

（三）蓟马

蓟马多以成虫和若虫吸食黄瓜生长点的嫩梢、嫩叶、花和幼瓜的汁液。黄瓜被害后，心叶不能正常展开，甚至干枯无顶芽，嫩芽或嫩叶皱缩或卷曲，组织变硬而脆，植株生长缓慢，节间缩短，出现丛生现象。幼瓜受害后，果实硬化、畸形茸毛变灰褐或黑褐色，生长缓慢，果皮粗糙有斑痕，布满锈皮，严重时造成落瓜。发生蓟马危害的黄瓜，叶片提前老化、脆硬、卷曲，看上去好似黄瓜绿斑驳病毒病。

1. 农业防治　清除田间残株落叶、杂草，消灭虫源，调整播种期，春季适期早播、早育苗，避开危害高峰期；采用营养钵育苗，加强水肥管理等栽培技术，促进植株生长，栽培时采用地膜覆盖，可减少土上成虫危害和幼虫落地入土化蛹；适时栽植，避开危害高峰期；瓜苗出土后，覆盖地膜，能大大减少害虫数量；清除菜田附近野生茄科植物也能减少虫源。

2. 物理防治　挂蓝板诱杀成虫，每 10 米左右挂一块蓝色板，略高于黄瓜生长点 15～30 厘米，以减少成虫产卵危害。

3. 药剂防治　选择对刺吸式口器害虫有效果的药剂，当夏秋瓜苗 2～3 片叶时开始田间查虫，当每苗有虫 2～3 头时，可采用以下杀虫剂进行防治：240 克/升螺虫乙酯悬浮剂 4 000～5 000 倍液；15％唑虫酰胺乳油 2 000～3 000 倍液；10 烯啶虫胺水剂 3 000～5 000 倍液；10％氟啶虫酰胺水分散粒剂 3 000～4 000 倍液；10％吡虫啉可湿性粉剂 1 500～2 000 倍液；50％抗蚜威可湿性粉剂 1 000～2 000 倍液；10％吡丙·吡虫啉悬浮剂 1 500～2 500 倍液；25％吡虫·仲丁威乳油 2 000～3 000 倍液；25％噻虫嗪可湿性粉剂 2 000～3 000 倍液；10％氯噻啉可湿性粉剂 2 000 倍液；兑水喷雾，视虫情隔 7～10 天喷 1 次。

（四）潜叶蝇

幼虫孵化后潜食叶肉，呈曲折蜿蜒的食痕，苗期 2～7 叶受害多，严重的潜痕密布，致叶片发黄、枯焦或脱落。

1. 生物防治　释放姬小蜂、反颚茧蜂、潜蝇茧蜂等，这三种寄生蜂对斑潜蝇寄生率较高。施用昆虫生长调节剂类，可影响成虫生殖、卵的孵化和幼虫蜕皮、化蛹等。

2. 化学防治　5％氟虫氰悬浮剂 50～100 毫升/亩，40％仲丁威·稻丰散乳油 600～800 倍液，防治时间掌握在发生高峰期，5～7 天 1 次，连续防治 2～3 次。昆虫生长调节剂 5％氟啶脲乳油 2 000 倍液，对潜蝇科成虫具有不孕作用，用药后，成虫产的卵孵化率低。用 50％辛硫磷乳油 1 000 倍液，在发生高峰期喷施，5～7 天 1 次，连续 2～3 次，采收前 7 天停止用药。

（五）茶黄螨

茶黄螨有强烈的趋嫩性，也有嫩叶螨之称。成螨和幼螨会集中在黄瓜幼嫩部位刺吸危害，受害叶片背面呈灰褐或黄褐色，并且具有油质光泽或油浸状，叶片僵硬变厚，边缘向内卷曲。受害嫩茎、嫩枝变黄褐色，扭曲畸形，严重时，黄瓜植株的生长点消失，顶部干枯。由于螨体极小，肉眼难以观察识别，所以茶黄螨发生初期不易被发现，往往错过最佳防治时机。

1. 农业防治 保护地要合理安排茬口，及时铲除棚室四周及棚内杂草，避免人为带入虫源。前茬茄果类、瓜类收获后要及时清除枯枝落叶，深埋或沤肥。

2. 化学防治 用药剂 15％哒螨灵乳油 3 000 倍液，或 5％唑螨酯悬浮剂 3 000 倍液，或 10％溴虫腈乳油 3 000 倍液，或 1.8％阿维菌素乳油 4 000 倍液，或 20％甲氰菊酯乳油 1 500 倍液，或 20％三唑锡悬浮剂 2 000 倍液，或 40％嘧啶氧磷乳油 1 000 倍液，或 73％炔螨特乳油 3 000 倍液，或 3.3％阿维·联苯菊乳油 750 倍液、5％噻螨酮乳油 1 500 倍液、10％浏阳霉素乳油 1 000 倍液、25％甲基克杀螨可湿性粉剂 2 000 倍液、2.5％联苯菊酯乳油 3 000 倍液杀螨效果都较好。隔 10～14 天 1 次，连续防治 2～3 次。

（六）黄守瓜

成虫喜食瓜叶和花瓣，还可危害南瓜幼苗皮层，咬断嫩茎和食害幼果。叶片被食后，形成圆形缺刻，影响光合作用，瓜苗被害后，常带来毁灭性灾害；幼虫在地下专食瓜类根部，重者使植株萎蔫而死，也蛀入瓜的贴地部分，引起腐烂，丧失食用价值。

1. 农业防治

（1）适当间作或套种 瓜类蔬菜与十字花科蔬菜、莴苣、芹菜等绿叶蔬菜间作或套种，也可苗期适当种植一些高秆作物。

（2）阻隔成虫产卵 采用全田地膜覆盖栽培，在瓜苗茎基周围地面撒布草木灰、麦芒、麦秆、木屑等，以阻止成虫在瓜苗根部产卵。

2. 化学防治 重点要做好瓜类幼苗期的防治工作，控制成虫危害和产卵。由于瓜类蔬菜苗期抗药力弱，对不少药剂比较敏感，易产生药害，应注意选用对口药剂，严格掌握施药浓度。药剂可选用 2.5％溴氰菊酯乳油 3 000 倍液，或 5.7％氟氯氰菊酯乳油 2 000 倍液，或 10％高效氯氰菊酯乳油 2 500 倍液，或 50％辛硫磷乳油 1 000 倍液等喷雾防治，注意交替使用。

(七) 瓜绢螟

瓜绢螟幼虫主要危害黄瓜叶片和果实，初龄幼虫在叶子背面取食叶肉，造成叶片缺刻或穿孔，严重时，仅留下叶脉。甚至直接危害瓜条，蛀入瓜内或茎部，幼虫蛀果成孔，降低商品价值，或造成果腐，不能食用。

1. 农业防治 清洁田园瓜果，收获后收集田间的残株枯藤、落叶沤肥、深埋或烧毁，可压低虫口基数。幼虫发生期，人工摘除卷叶和幼虫群集取食的叶片，集中处理。

2. 生物防治 保护利用天敌，注意检查天敌发生数量，当卵寄生率达 60％以上时，尽量避免施用化学杀虫剂，防止杀伤天敌。已知瓜绢螟的天敌有 4 种：卵期的拟澳洲赤眼蜂、幼虫期的菲岛扁股小蜂和瓜绢螟绒茧蜂、幼虫至蛹期的小室姬蜂。其中，拟澳洲赤眼蜂大量寄生瓜螟卵，每年 8～10 月，日均温在 17～28℃时，瓜螟卵寄生率在 60％以上，高时可持续 10 天以上接近 100％，可明显抑制瓜螟的发生和危害。

3. 化学防治 对瓜田经常性进行调查，发现虫害时及时防治。在幼虫 1～3 龄卷叶前，可采用下列杀虫剂或配方进行防治：1％甲维盐乳油 2 000～3 000 倍液加 4.5％高效顺式氯氰菊酯乳油 1 000～2 000倍液；5％丁烯氟虫氰乳油 1 000～2 000 倍液；15％茚虫威悬浮剂 3 000～4 000 倍液；10％醚菊酯悬浮剂 2 000～3 000 倍液；2％阿维・苏云菌可湿性粉剂 2 000～3 000 倍液；35 克/升溴氰・氟虫腈油 2 000～3 000 倍液；1.2％烟碱・苦参碱乳油 800～1 500倍液；0.5％黎芦碱可溶性液剂 1 000～2 000 倍液；均匀喷雾。

(八) 黄瓜种蝇

黄瓜种蝇幼虫蛀食萌动的种子或幼苗的地下组织，引致腐烂死亡。

1. 农业防治 施用充分腐熟的有机肥，防止成虫产卵。

2. 化学防治 在成虫发生期，地面喷粉，如 5％杀虫畏粉等，也可喷洒 36％克螨蝇乳油 1 000～1 500 倍液，或 2.5％溴氰菊酯乳油 3 000 倍液、20％菊·马乳油或 10％溴·马乳油 2 000 倍液、20％氯·马乳油 2 500 倍液，隔 7 天 1 次，连续防治 2～3 次。当地蛆已钻入幼苗根部时，可用 50％辛硫磷乳油 800 倍液或 25％喹硫磷乳油 1 200 倍液灌根。

药剂处理土壤或处理种子，如用 50％辛硫磷乳油每亩 200～250 克，兑水 10 倍，喷于 25～30 千克细土上拌匀成毒土，顺垄条施，随即浅锄，或以同样用量的毒土撒于种沟或地面，随即耕翻，或混入厩肥中施用，或结合灌水施入，或用 5％辛硫磷颗粒剂、或 5％二嗪磷颗粒剂，每亩 32.5～3 千克处理土壤，都能收到良好效果。

（九）黄瓜地下害虫

1. 蛴螬防治 用 50％的辛硫磷 1 000 倍液、80％敌百虫 1 000 倍液、50％辛·氰乳油 4 000 倍液、20％氰戊菊酯乳油 3 000 倍液、2.5％敌杀死乳油 3 000 倍液灌根。也可在播种或定植前用上述药剂拌毒饵播撒或用种衣剂包衣。

2. 蝼蛄防治 药剂防治时，可用毒饵，配制方法是：90％晶体敌百虫 150 克，用 1.5 千克的热水溶化，拌炒出香味的麦麸或棉籽饼 5 千克，于傍晚撒到地面，每亩用 2～2.5 千克。也可用毒谷毒杀，配制方法是：干谷 500～750 克，煮至半熟，捞出晾至半干，再喷上晶体敌百虫药液，晾至七八成干，将毒谷撒到蝼蛄经常活动的地方诱杀。发生危害时，也可用 50％的辛硫磷 1 000 倍液、80％敌百虫 1 000 倍液、50％辛·氰乳油 4 000 倍液、20％氰戊菊酯乳油 3 000 倍液、2.5％溴氰菊酯乳油 3 000 倍液灌根。也可在播种或定植前用上述药剂拌毒饵播撒或用种衣剂包衣。

第十七讲　甘蓝病虫害适期防治技术

一、甘蓝菌核病防治

发病初期及时喷药保护，喷洒部位重点是茎基部、老叶和地面。主要药剂有：80亿单位地衣芽孢杆菌800倍液、20％噻菌铜悬浮剂1 000倍液、40％菌核净可湿性粉剂1 000～1 500倍液。以上3种药剂每7～10天喷1次，交替使用，连喷2～3次。

二、甘蓝霜霉病防治

1. 农业防治　选用抗病品种；与非十字花科蔬菜隔年轮作；合理施肥，及时追肥。

2. 化学防治　在发病初期喷药，用30％嘧霉·多菌灵可湿性粉剂800倍液，3％多抗霉素可湿性粉剂1 000倍液，或10％百菌清可湿性粉剂500倍液，或1∶2∶400倍波尔多液，每5～7天喷1次，共喷2～3次。

三、甘蓝黑腐病防治

1. 种子消毒　用50℃温水浸种20～30分钟，或用45％代森铵水剂200倍液浸种15分钟。

2. 农业防治　与非十字花科作物实行1～2年轮作；及时消除病残体和防治害虫。

3. 化学防治　在发病初期喷20％噻菌铜悬浮剂4 000～6 000倍液，每隔7～10天1次，连喷2～3次。

四、甘蓝菜蛾防治

1. 农业防治　在成虫期，利用黑光灯诱杀成虫。

2. 生物防治　0.5％阿维菌素 800～1 000 倍液、1％甲维盐1 000～2 000 倍液或用 Bt 制剂每亩 200～250 克，兑水常规喷雾，将药液喷洒在叶背面和心叶上。

3. 化学防治　用菊酯类农药 2 000 倍液喷雾。

五、甘蓝菜粉蝶防治

1. 生物防治　在三龄前，用苏云金杆菌、0.5％阿维菌素乳油800～1 000 倍液、1％甲维盐乳油 1 000～2 000 倍液或 Bt 乳剂喷雾。

2. 化学防治　在卵高峰后 7～10 天喷药，选用药剂有：敌百虫、辛硫磷、灭幼脲 1 号、灭幼脲 3 号等。

六、甘蓝蚜虫防治

用 50％抗蚜威可湿性粉剂 2 000 倍液，如蚜量较大时，加 3 勺熬熟的米粥上边的汤（250 毫升米汤，勿有米粒以免堵塞喷雾器眼，）可连喷 2～3 次。

第十八讲 早熟大白菜病虫害适期防治技术

一、早熟大白菜病害防治

早熟大白菜主要的病害是软腐病和霜霉病。病害防治上以防为主。从出苗开始，每7～10天喷1次杀菌剂：1.8％辛菌胺醋酸盐可溶液剂800倍液或80亿单位地衣芽孢杆菌可溶液剂1 000倍液或25％络氨铜（酸式有机铜）可溶液剂800倍液，严重时加高能钙胶囊喷施，农业防治时，若发现软腐病株及时拔除，病穴用生石灰处理灭菌。

二、早熟大白菜虫害防治

早熟大白菜虫害主要以菜青虫、小菜蛾和蚜虫为主。防治上应抓一个"早"字，及时用药，0.5％阿维菌素乳油800～1 000倍液或1％甲维盐乳油1 000～2 000倍液喷施，把虫害消灭在三龄以前。收获前10天停止用药。

第十九讲　花椰菜病虫害适期防治技术

一、花椰菜病害防治

花椰菜病虫害防治主要是育苗期病虫害防治。育苗期正值高温多雨季节，极易感染猝倒病、立枯病、病毒病、霜霉病、炭疽病、黑腐病等病害。为防止感病死苗，齐苗后要立即用 2.85％硝钠·萘乙酸 1 000～1 500 倍液或 1.8％复硝酚钠（快丰收）水剂 1 000～1 500倍液或 25％络氨铜（酸式有机铜）水剂 800 倍液喷洒苗床。定苗后，用20％吗胍·硫酸铜水剂 800 倍液、80 亿地衣芽孢杆菌水剂 1 000 倍液、72％硫酸链霉素可湿性粉剂 1 000～1 500倍液、3％多抗霉素可湿性粉剂 800～1 200 倍液进行叶片喷雾，每 7～10 天 1 次，轮流使用。

二、花椰菜虫害防治

花椰菜虫害主要是菜青虫、小菜蛾、蚜虫等。一般用 0.5％阿维菌素乳油800～1 000 倍液或 1％甲维盐乳油 1 000～2 000 倍液喷施，把虫害消灭在三龄以前。

第二十讲 麦套番茄病虫害适期防治技术

一、麦套番茄育苗播种期病虫害防治

麦套番茄育苗播种期（3月中上旬）病虫害防治主要内容为：

1. 主要防治对象 猝倒病、立枯病、早疫病、溃疡病、青枯病、病毒病；地下害虫。

2. 主要病害防治措施

（1）品种选择 选用抗病品种。

（2）药剂处理苗床 每平方米用40%拌种双粉剂8克加细土4.5千克拌匀制成药土，播前一次浇透水，待水渗下后，取1/3药土撒在苗床上，播种后，再把余下的2/3药土覆盖在上面。

（3）种子消毒

①温汤浸种。将种子在30℃清水中浸15～20分钟后，加热水至水温50～55℃，再浸15～20分钟后，加凉水至25～30℃，再浸4～6小时，可杀死多种病菌。

②甲醛浸种。将温汤浸过的种子晾去水分，用1%的甲醛溶液浸15～20分钟，捞出用湿布包好闷2～3小时，再用清水洗净，可预防早疫病。

③高锰酸钾浸种。将种子放在1%高锰酸钾溶液中浸15～20分钟后，捞出用清水洗净，或直接用80亿单位地衣芽孢杆菌叶菜专用包衣剂包衣，既安全又省工省时。可预防溃疡病等细菌性病害及花叶病毒病。

（4）地下害虫防治　用 0.5 千克辛硫磷兑水 4 千克拌炒香麦麸 25 千克制成毒饵，均匀撒于苗床上。

二、麦套番茄苗期病虫害防治

麦套番茄苗期（3 月下旬至 5 月下旬）病虫害防治主要内容为：

1. 主要防治对象　猝倒病、立枯病、早疫病、溃疡病；地老虎。

2. 主要防治措施

（1）**麦套番茄猝倒病**　用 25％酸性络氨铜 1 000 倍液，或 75％百菌清可湿性粉剂 600 倍液叶面喷雾。

（2）**麦套番茄立枯病**　5％多抗·萘乙水剂 800 倍液，或用 80 亿单位地衣芽孢杆菌水剂 800 倍液，或用 28％井冈·多菌灵悬浮剂 800～1 000 倍液均匀喷施。猝倒病、立枯病混合发生时，可用辛菌胺（又名 5％菌毒清）水剂加 80 亿单位地衣芽孢杆菌水剂 800 倍液喷匀为度；严重时，若红根红斑，需加高能钾；若黑根，需加高能钙，若黄叶，需加高能铁，若卷叶，需加高能锌，喷匀为度；或 72.2％霜霉威盐酸盐水剂 800 倍液防治。

（3）**麦套番茄早疫病**　发病前开始喷施 25％络氨铜水剂（酸性有机铜）800 倍液，喷匀为度，或用 80 亿单位地衣芽孢杆菌水剂 800 倍液，喷匀为度，或 50％异菌脲悬浮剂 1 000 倍液，或 10％百菌清可湿性粉剂 600 倍液防治。

（4）**麦套番茄溃疡病**　严格检疫，发现病株及时根除，用 1.8％辛菌胺水剂 1 000 倍液，或 80 亿单位地衣芽孢杆菌水剂 800 倍液，或用 20％噻菌铜悬浮剂 1 000～1 500 倍液，或用 25％络氨铜水剂（酸性有机铜）800 倍液，或用 50％琥胶肥酸铜可湿性粉剂 500 倍液喷洒全田防治，喷匀为度。

（5）**地老虎**　用 90％晶体敌百虫 250 克拌切碎菜叶 30 千克加炒香麦麸 1 千克，拌匀制成毒饵撒于行间，诱杀幼虫。

三、麦套番茄开花坐果期病虫害防治

麦套番茄开花坐果期（6 月上旬至 7 月上旬）病虫害防治主要

内容为：

1. 主要防治对象 早疫病、晚疫病、茎基腐病、枯萎病、斑枯病、病毒病；棉铃虫、烟青虫。

2. 主要防治措施

（1）麦套番茄早疫病 同苗期防治。

（2）麦套番茄晚疫病 在发病初期，喷洒 25％络氨铜水剂（酸性有机铜）800 倍液，喷匀为度，或辛菌胺（又名 5％菌毒清）水剂 1 000 倍液，喷匀为度，72.2％霜霉威盐酸盐水剂 800 倍液，或 72％霜脲·锰锌可湿性粉剂 500～600 倍液，严重时，加高能钙胶囊 1 粒防治。

（3）麦套番茄茎基腐病 在发病初期，喷洒 50％敌磺钠可湿性粉剂 1 000 倍液，或用中生菌素水剂 800 倍液，喷匀为度，或用 23％络氨铜水剂（酸性有机铜）800 倍液，喷匀为度，也可在病部涂五氯硝基苯粉剂 200 倍液加 50％福美双可湿性粉剂 200 倍液。

（4）麦套番茄枯萎病 发病初期，用 80 亿单位地衣芽孢杆菌水剂 1 000 倍液灌根，或用 1.8％辛菌胺水剂 1 000 倍液，喷匀为度，或用 28％井冈·多菌灵悬浮剂 800 倍液灌根，每株灌 100 毫升。

（5）麦套番茄斑枯病 发病初期，用 25％络氨铜水剂（酸性有机铜）800 倍液，或 10％百菌清可湿性粉剂 500 倍液，喷匀为度。

（6）麦套番茄病毒病 发病初期喷洒用 20％吗胍·硫酸铜水剂 1 000 倍液，喷匀为度，或香菇多糖水剂，或用 31％氮苷·吗啉胍可溶性粉剂 800～1 000 倍液均匀喷施，或 20％吗胍·乙酸铜可湿性粉剂 500 倍液，或 5％辛菌胺水剂 400 倍液，均匀喷施；严重时，加高能锌胶囊 1 粒。同时注意早期防蚜，消灭传毒媒介，尤其在高温干旱年份更要注意喷药防治蚜虫，预防烟草花叶病毒侵染。

（7）棉铃虫

①农业措施。结合整枝打顶和打杈，有效减少卵量，同时及时摘除虫果；在番茄行间适量种植生育期与棉铃虫成虫产卵期吻合的玉米诱集带。

②生物防治。卵高峰后 3～4 天及 6～8 天连续 2 次喷洒 Bt 乳

剂或棉铃虫核型多角体病毒。

③化学防治。卵孵化期至 2 龄幼虫盛期，用 0.5％阿维菌素乳油 800～1 000 倍液均匀喷洒，或用 1％甲维盐乳油 1 000～1 500 倍液喷施，或 4.5％高效氯氰菊酯乳油 1 000 倍液，或 2.5％高效氯氟氰菊酯乳油 5 000 倍液，或 10％菊·马乳油 1 500 倍液防治。

（8）烟青虫　化学防治，同棉铃虫。

四、麦套番茄结果期到果收期病虫害防治

麦套番茄结果期到果收期（7 月中旬至 10 月上旬）病虫害防治主要内容为：

1. 主要防治对象　灰霉病、叶霉病、煤霉病、斑枯病、芝麻斑病、斑点病、灰叶斑病、灰斑病、茎枯病、黑斑病、白粉病、炭疽病、绵腐病、绵疫病、软腐病、疮痂病、青枯病、黄萎病、病毒病、脐腐病；棉铃虫、甜菜夜蛾。

2. 主要防治措施

（1）麦套番茄灰霉病、叶霉病、煤霉病　于发病初期，用25％络氨铜水剂（酸性有机铜）800 倍液，喷匀为度，或用 20％噻菌铜悬浮剂 1 000～1 500 倍液，喷匀为度，或用 3％多抗霉素可湿性粉剂 500 倍液，喷匀为度，或 80 亿单位地衣芽孢杆菌水剂 600倍液，喷匀为度，或 50％腐霉利可湿性粉剂 2 000 倍液，50％异菌脲可湿性粉剂 1 500 倍液，2％武夷菌素水剂 150 倍液，30％嘧霉·多菌灵悬浮剂 800～1 000 倍液均匀喷施。以上几种药剂交替施用，隔 7～10 天防治一次，共 3～4 次。

（2）麦套番茄斑枯病、芝麻斑病、斑点病、灰叶斑病、灰斑病、茎枯病、黑斑病　于发病初期，用 25％络氨铜水剂（酸性有机铜）800 倍液，喷匀为度，或 10％百菌清可湿性粉剂 500 倍液，50％异菌脲可湿性粉剂 1 000～1 500 倍液。

（3）麦套番茄白粉病　用 12.5％烯唑醇可湿性粉剂 20 克兑水15 千克，叶面正反喷施。或用 2％武夷菌素水剂或 4％嘧啶核苷类抗生素水剂 150 倍液，正反叶面喷雾防治。

（4）麦套番茄炭疽病　用1.8%辛菌胺水剂1 000倍液，喷匀为度，或用80亿单位地衣芽孢杆菌水剂800倍液、80%炭疽福美可湿性粉剂800倍液、10%百菌清可湿性粉剂500倍液喷雾防治。

（5）麦套番茄绵腐病　于发病初期，用25%络氨铜水剂（酸性有机铜）800倍液，喷匀为度，或用1.8%辛菌胺水剂1 000倍液，72.2%霜霉威盐酸盐水剂500倍液，进行防治。

（6）麦套番茄软腐病、疮痂病、溃疡病等细菌性病害　于发病初期，用20%噻菌铜1 000倍液，或25%络氨铜水剂（酸性有铜）800倍液，50%琥珀酸铜（DT）可湿性粉剂400倍液进行防治，7~10天1次，防2~3次。

（7）麦套番茄青枯病　细菌性病害，可用20%噻菌铜1 000倍液、25%络氨铜水剂（酸性有铜）800倍液、50%琥珀酸铜（DT）可湿性粉剂400倍液等灌根，每株灌兑好的药液0.3~0.5升，隔10天1次，连灌2~3次。

（8）麦套番茄黄萎病　黄萎病又叫根腐病，发病初期，喷洒80亿单位地衣芽孢杆菌水剂800倍液，同时把喷头去掉用喷杆淋根；或5%辛菌胺水剂1 000倍液，喷匀为度；或10%多菌灵水杨酸可溶剂300倍液，隔10天1次，连灌2~3次；或50%琥珀酸铜（DT）可湿性粉剂350倍液，每株药液0.5升灌根，隔7天1次，连灌2~3次。

（9）麦套番茄脐腐病　由于缺钙引起的一种生理性病害。首先应选用抗病品种，其次要采用配方施肥，根外喷施钙肥，在定植后15天喷施80亿单位地衣芽孢杆菌水剂800倍液加高能钙胶囊1粒，喷匀为度，或5%病毒清复合液肥、0.2%钙硼液肥、2%硼钙粉剂；坐果后1月内喷洒1%的过磷酸钙澄清液或精制钙胶囊或专用补钙剂等。

（10）甜菜夜蛾

①物理防治。用黑光灯诱杀成虫。

②农业防治。3~4月清除杂草，消灭杂草上的初龄幼虫。

③化学防治。用0.5%阿维菌素乳油800~1 000倍液，均匀喷施，或1%甲维盐乳油1 000~1 500倍液喷施，或10%氯氰菊酯乳油1 500倍液，常规喷雾防治。

第二十一讲　三樱椒病虫害适期防治技术

一、三樱椒播种及发芽期病虫害防治

三樱椒播种及发芽期（2月下旬至3月上旬）病虫害防治主要内容为：

1. 主要防治对象　炭疽病、斑点病、疮痂病、青枯病、病毒病；地下害虫。

2. 主要防治措施

（1）选种、晒种、浸种　将选好的优质种子暴晒2～3天，用30～40℃温水浸种8～12小时。

（2）种子消毒　将浸过的种子晾去水分，再用300倍的甲醛溶液处理15分钟，或用0.3%的高锰酸钾溶液处理10～20分钟，或用600倍的退菌特溶液处理15～20分钟，可有效预防炭疽病、斑点病、疮痂病；然后用5%辛菌胺水剂1 000倍液喷10～20分钟，或1%的硫酸铜溶液处理5分钟，或10%磷酸三钠溶液处理15～20分钟，或直接用80亿单位地衣芽孢辣椒专用包衣剂倒在选好的种子上按1：80药种比拌种包衣，可预防青枯病、病毒病。

（3）苗床消毒　按苗床用1.8%辛菌胺醋酸盐（菌毒清）600倍液，或用地衣芽孢杆菌500倍液喷匀或泼洒，或按面积每平方米分别用54.5%恶霉·福美双可湿性粉剂5～10克、50%氯溴异氰尿酸可湿性粉剂5～10克，加细土1千克混匀，撒到床面上，然后再浇水、撒种、覆土。

（4）地下害虫　用 40％辛硫磷乳油 0.5 千克拌麦麸 25 千克撒于苗床上。

二、三樱椒苗期病虫害防治

三樱椒苗期（3 月上旬至 5 月中旬）病虫害防治主要内容为：

1. 主要防治对象　猝倒病、立枯病、卷叶病毒病、炭疽病；蚜虫、红蜘蛛、地老虎、地下害虫。

2. 主要防治措施

（1）农业防治　注意通风透光，增加土壤通透性，提高地温，也可在苗床上撒草木灰。

（2）化学防治　用 25％络氨铜水剂（酸性有机铜）800 倍液喷匀为度，或用 80 亿单位地衣芽孢杆菌水剂 800 倍液、10％百菌清 500 倍液、50％敌磺钠可湿性粉剂 1 000 倍液等喷施，防治猝倒病、立枯病、炭疽病。用 28％吗胍·硫酸铜水剂 800 倍液均匀喷施，防治卷叶、小叶病毒病。防治蚜虫、红蜘蛛可用蚜螨净或敌蚜灵等。在定植后用 90％晶体敌百虫 250 克兑水 2.5 千克拌切碎菜叶 30 千克加麸皮 1 千克拌匀制成毒饵苗床防治地老虎。防治地下害虫仍可用辛硫磷拌麦麸制成毒饵。

三、三樱椒开花坐果期病虫害防治

三樱椒开花坐果期（5 月下旬至 7 月底）病虫害防治主要内容为：

1. 主要防治对象　炭疽病、褐斑落叶症、青枯病、落花症；蚜虫、红蜘蛛、玉米螟。

2. 主要防治措施

（1）农业防治　增施有机肥和磷、钾肥，加强田间管理，培育抗病健株，增加抗逆性。

（2）化学防治　用 25％络氨铜水剂（酸性有机铜）30 克兑水 15 千克，或用 80 亿单位地衣芽孢杆菌水剂 1 500 倍液喷洒叶面，防治炭疽病、褐斑落叶症、青枯病、落花症。用 75％百菌清可湿性粉剂 800 倍液，或 45％代森铵 800 倍液防治炭疽病。用 20％络氨铜·锌水剂 500 倍液或 2.1％青枯立克水剂 500 倍液喷施防治青枯病。用抗蚜威、阿维菌素、蚜螨净等防治蚜虫、红蜘蛛。用 70％吡·杀单可湿性粉剂 500～600 倍液或 4.5％高效氯氰菊酯 1 000倍液防治玉米螟。

四、三樱椒结果期病虫害防治

三樱椒结果期（8 月至收获）病虫害防治主要内容为：

1. 主要防治对象　病毒病、枯萎病、疮痂病、炭疽病、青枯病、绵疫病、软腐病；棉铃虫、玉米螟、甜菜夜蛾、烟青虫。

2. 主要防治措施

（1）三樱椒病毒病　前期用 20％吗胍·硫酸铜水剂 1 000 倍液喷匀为度，或用 0.5％香菇多糖水剂 400 倍液喷匀为度，或用 0.3％的高锰酸钾、植病灵等药液喷洒；中后期用 31％氮苷·吗啉胍可溶性粉剂，严重时，加高能锌胶囊 1 粒或多元素复合肥常规喷雾。

（2）三樱椒枯萎病

①农业防治。增施有机肥和磷、钾肥，防治田间积水。

②化学防治。发病初期，喷用 80 亿单位地衣芽孢杆菌水剂 800 倍液或 1.8％辛菌胺水剂 1 000 倍液，喷匀为度；或用 25％百克乳油 1 500 倍液，每 7～10 天喷 1 次，连喷 2～3 次；或用 25％络氨铜水剂灌根，连灌 2～3 次；也可用 30％琥胶肥酸铜可湿性粉剂 600 倍液或 4％嘧啶核苷类抗生素可湿性粉剂 300 倍液灌根。

（3）三樱椒疮痂病　用 72％硫酸链霉素水剂 1 000～1 500 倍液，喷匀为度，或用农用链霉素 200 单位浓度，或 45％代森铵 500 倍液，或 25％络氨铜 800 倍液，或 77％氢氧化铜可湿性粉剂、30％琥胶肥酸铜可湿性粉剂 600～800 倍液喷洒；发病初期也可喷 1∶0.5∶200 的波尔多液。

（4）三樱椒青枯病　用 20％噻菌铜悬浮剂 1 000 倍液喷匀为度，或用 25％络氨铜 800 倍液，或 77％可杀得可湿性微粉剂 500

倍液轮换喷雾，7～8 天 1 次，连喷 2～3 次；或用 4％嘧啶核苷类抗生素可湿性粉剂 300 倍液每穴 200 毫升灌根。

（5）三樱椒绵疫病　用 25％络氨铜水剂（酸性有机铜）800 倍液，或在降雨或浇水前喷 1：2：200 倍的波尔多液；或 45％代森铵水剂 800 倍液、77％可杀得可湿性微粉剂 600 倍液喷匀为度。

（6）三樱椒软腐病　软腐病多因钙、硼元素流失而侵染，用 80 亿单位地衣芽孢杆菌水剂 800 倍液加高能钙喷匀为度，或用 72％硫酸链霉素水剂 1 000～1 500 倍液加高能钙、高能硼各 1 粒喷匀为度，常规喷雾 5 天 1 次，连喷 2～3 次。

（7）棉铃虫、烟青虫

①物理防治。用杨、柳树枝把、黑光灯、玉米诱集带、性诱剂等诱杀成虫。

②生物防治。在卵盛期每亩用 Bt 乳剂 250 毫升或 NPV 病毒杀虫剂 80～100 克兑水 30～40 千克喷雾。

③化学防治。用 50％辛硫磷乳剂 2 000 倍液，或 4.5％高效氯氰菊酯乳油 1 200 倍液、或 43％辛·氟氯氰乳油 1 000～1 500 液喷雾防治。

（8）甜菜夜蛾

①物理防治。该虫对黑光趋性较强，可用黑光灯诱杀成虫。

②化学防治。用 0.5％阿维菌素乳油 800～1 000 倍液均匀喷施，或用 1％甲维盐乳油 1 000～1 500 倍液喷施，或用 24％虫酰肼悬浮剂 2 000～3 000 倍液、43％辛·氟氯氰乳油 800 倍液、25％氯氰·辛硫磷乳油 800 倍液等，在三龄前喷雾防治。

第二十二讲　大葱病虫害适期防治技术

　　大葱病虫害的防治，更需要及时有效。同时，大葱又是叶菜类蔬菜，多用于鲜食或炒食，因此，使用农药必须严格选用高效低毒低残留品种，严格控制使用药量，尤其是采收前2周多数杀虫杀菌剂应停止使用。由于该蔬菜生育期较长，地下害虫较难防治，目前，该蔬菜农药残留超标现象较严重，已成为优先解决的核心问题。

一、大葱主要病虫害

　　1. 侵染性病害　大葱猝倒病、大葱立枯病、大葱紫斑病、大葱霜霉病、大葱灰霉病、大葱锈病、大葱黑斑病、大葱褐斑病、大葱小菌核病、大葱白腐病、大葱软腐病、大葱疫病、大葱白色疫病、大葱黄矮病、大葱叶枯病、大葱叶霉病、大葱叶腐病、大葱黑粉病；葱线虫病。

　　2. 非侵染性病害　沤根、大葱叶尖干枯症、大葱营养元素缺乏症等。

　　3. 大葱虫害　蛴螬、蝼蛄、金针虫、葱蝇、葱蓟马、葱斑潜蝇、种蝇、蒜蝇、甜菜夜蛾、斜纹夜蛾等。

二、大葱病虫害防治

　　1. 农业防治　依据病虫、大葱、环境条件三者之间关系，结合整个农事操作过程中的土、肥、水、种、密、管、工等各方面一系列农业技术措施，有目的地改变某些环境条件，使之不利于病虫害发生，而有利于大葱的生长发育；或者直接或间接消灭或减少病原虫源，达到防害增产的目的。

（1）合理轮作　采取与非葱属作物3～4年轮作，能够改善土壤中微生物区系组成；促进根际微生物群体变化，改善土壤理化性状，平衡恢复土壤养分，提高土壤供肥能力，促进大葱健壮生长而防病防虫。

（2）清洁田园　拔除田间病株，消灭病虫发生中心，清除田间病残组织及卵片，施用腐熟洁净的有机肥，减少田间病虫源的数量。尤其降低越冬病虫量，能有效防治或减缓病虫害的流行。

（3）选用抗病品种、培育无病壮苗　在品种方面，一般以辣味浓、蜡粉厚，组织充实类型品种较抗病或耐病，如抗病抗风性好的章丘气煞风，对霜霉病、紫斑病、灰霉病抗性较强的三叶齐、五叶齐、鸡腿葱等，以及生长快、丰产性好的章丘大梧桐等品种。

培育选用无病壮苗。加强种子田病虫害的防治，控制种子带病。加强育苗田病虫防治工作，采取综合措施促发壮苗，移栽时认真剔除弱苗、病苗和残苗。

（4）改进栽培技术　创造适合于葱生长发育的条件，协调植株个体发育，增强抗病、抗虫、抗逆能力，加深土壤耕层，活化土壤，综合运用现有的农业措施，采用先进化学手段实施壮株抗虫抗病栽培，从而达到栽培防病、防虫的目的。

加强田间管理：合理施肥，重施基肥，增施磷钾肥，避免偏施氮肥，适当密植，合理灌溉，加强中耕，提高葱抗逆能力。同时，采用叶面喷肥、补施微肥、应用激素等措施，促进大葱稳健生长，协调养分供应，从而达到延迟病虫发生，躲避病虫侵害，减轻病虫危害的目的。

2. 化学防治

（1）播种期土壤处理　苗畦整好后，在畦内每亩撒3%辛硫磷颗粒剂1.0～1.5千克，药土混匀后浇水播种。用80亿单位地衣芽孢杆菌葱类专用种子包衣剂包衣，按药种比1∶100包衣，或将消毒后种子用50℃温水浸种15分钟，或用50%多菌灵可湿性粉剂

300 倍液拌种后用于播种。

（2）苗期　防治葱蓟马、潜叶蝇：用斑潜菌毒二合一既治虫又治病，用菊酯类杀虫剂或用 0.5％阿维菌素乳油 800～1 000 倍液均匀喷施，或用 1％甲维盐乳油 1 000～1 500 倍液喷施，或 50％辛硫磷乳油 1 000 倍与菊酯类乳油 2 000 倍混配，每 5～7 天喷 1 次，连喷 4～5 次，每亩每次喷药 40～50 千克。防治葱蛆用 0.5％阿维菌素乳油 800～1 000 倍液灌根。若有猝倒、根腐、干尖等病害，则采用 25％络氨铜水剂（酸性有机铜）800 倍液、或用大葱克菌王、80 亿单位地衣芽孢杆菌水剂 800 倍液、64％噁霜·锰锌可湿性粉剂 400 倍液、70％代森锰锌湿性粉剂 300 倍液喷匀为度。

（3）成株期　定植前，葱沟内底每亩施 3％辛硫磷颗粒剂 4 千克，栽植前选用 90％敌百虫 500 倍液蘸根，防治地下害虫及蓟马、葱蛆。防治成株期病害，选用 20％吗胍·硫酸铜水剂 1 000 倍液喷匀为度，或用辛菌胺又名 5％菌毒清水剂 1 000 倍液喷匀为度，或用 25％络氨铜水剂（酸性有机铜）800 倍液喷匀为度，或用 70％代森锰锌或代森锌可湿性粉剂 350 倍液，轮换交替使用，每 5～7 天 1 次，连喷 2～3 次，每次用药液 50～60 千克。一旦灰霉病严重发生，则采用 30％嘧霉·多菌灵悬浮剂 800～1 000 倍液均匀喷施，或用 50％异菌脲可湿性粉剂 400 倍液、50％腐霉利可湿性粉剂 400 倍液轮换使用。霜霉病则采用 3％多抗霉素可湿性粉剂 800 倍液，或 72％霜脲·锰锌可湿性粉剂 500 倍液喷雾防治，紫斑病、黑斑病严重则采用 25％络氨铜水剂（酸性有机铜）500 倍液喷匀为度，50％异菌脲可湿性粉剂配 70％代森锰锌可湿性粉剂 1 500～2 000 倍液混合喷治。防治叶部害虫用药同苗期，以 5～7 天 1 次为宜。

第二十三讲　大蒜病虫害适期防治技术

一、大蒜主要病虫害

1. 大蒜真菌性病害　大蒜叶枯病、大蒜锈病、大蒜煤斑病、大蒜灰叶斑病、大蒜紫斑病、大蒜灰霉病、大蒜疫病、大蒜叶疫病、大蒜白腐病、大蒜菌核病、大蒜干腐病、大蒜黑头病、大蒜储藏期灰霉病和青霉病、大蒜储藏期红腐病。

2. 大蒜细菌性病害　大蒜细菌性软腐病。

3. 大蒜病毒性病害　大蒜花叶病毒病、大蒜褪绿条斑病毒病。

4. 大蒜生理性病害　大蒜黄叶和干尖。

5. 大蒜虫害　危害大蒜的地下害虫有蝼蛄、蛴螬、金针虫、葱蝇、种蝇、韭蛆等，尤其以葱蝇、种蝇、韭蛆为重；叶部害虫以蓟马、蚜虫为重。

二、大蒜病虫害防治

1. 农业防治

（1）选用优良品种和脱毒蒜种　选用瓣大、无虫无病斑的蒜瓣作种用，并在播种前一天用20％吗胍·硫酸铜水剂1 000倍液或用80亿单位地衣芽孢杆菌水剂800倍液喷匀为度，或50％异菌脲可湿性粉剂1 500倍液、50％腐霉利可湿性粉剂1 500倍液浸种5小时，晾干待播。

（2）增施有机肥　每亩施5 000千克以上优质腐熟有机肥，并配施普钙50千克、硫酸钾15千克、尿素10千克，精细整地，同时每亩施 3%辛硫磷颗粒剂 2 千克或 2.5%虫螟灵可湿性粉剂 3～4千克。

（3）科学追肥，适时灌水　大蒜烂母期每亩及时追 5%原生汁冲施肥每亩用 1 千克加尿素 15 千克冲施或撒施并浇水，每亩追施腐熟饼肥 200 千克左右。花茎抽出前 10～15 天，及时追肥浇水，以每亩施硫铵 20～25 千克为宜，连追 2 次。鳞茎膨大期用 2.85%硝钠·萘乙酸水剂 800～1 000 倍液均匀喷施，并适当追肥 15～20千克。

（4）适时喷施微肥　喷施高能锌、高能铁、高能锰、高能硼、高能铜或生物激素（用 0.004%芸薹素内脂水剂 800～1 000 倍液），喷匀为度，提高植株抗性。据试验，用 2.85%硝钠·萘乙水剂800～1 000倍液，在大蒜 9 叶期和 12 叶期各喷 1 次可提高大蒜产量 25%；各喷 1 次叶面与 B 族维生素植物液可分别提高产量22.6%和 19.6%，并可显著减轻病毒病的发生，提高植株抗逆能力。

2. 病害防治　主要以大蒜叶枯病和病毒病、锈病为主，洞察病害发生初期，采用复配用药，进行主治和兼治预防等措施，把病害控制在初发阶段。

（1）大蒜真菌性病害防治　选用农药 20%叶枯唑可湿性粉剂1 000倍液喷施，或用 80 亿单位地衣芽孢杆菌水剂 800 倍液喷匀为度，或用 20%吗胍·硫酸铜水剂 1 000 倍液、50%异菌脲可湿性粉剂 800 倍液、50%腐霉利可湿性粉剂 1 000 倍液、75%百菌清可湿性粉剂 800 倍液等药剂轮换复配应用。

（2）大蒜细菌病害防治　主要以大蒜细菌性软腐病为主。用25%络氨铜水剂（酸性有机铜）800 倍液喷匀为度，或用 72% 硫酸链霉素水剂 1 000～1 500 倍液、20%叶枯唑可湿性粉剂（叶枯唑只能用在大葱、大蒜和韭菜，不能用在黄瓜、番茄和辣椒上，易过敏）1 000 倍液均匀喷施。

（3）大蒜病毒性病害防治　主要以大蒜花叶病毒病、大蒜褪绿条斑病毒病为主。用 20%叶枯唑可湿性粉剂 1 000 倍液喷施，或用

1.8％辛菌胺醋酸盐水剂 1 000 倍液、31％氮苷·吗啉胍可溶性粉剂 800～1 000 倍液均匀喷施。

（4）大蒜生理性病害防治　主要以大蒜黄叶和干尖为主。用大蒜王中王或大蒜叶枯宁、大蒜黄叶病毒灵防治。或根据大蒜表现症状：若红点紫斑紫锈红纹加高能钾胶囊，若白点白斑加高能铜胶囊，若黄点黄斑加高能锰胶囊，若心叶发皱发黄加高能锌胶囊，若根部发烂加高能硼胶囊，若蒜头黑斑黄斑加高能钙胶囊。

3. 虫害防治　主要以葱蝇、种蝇、韭蛆为主，另有叶部蓟马、蚜虫等。4 月中旬左右幼虫危害期用 5％菊酯杀虫剂 1 000 倍液喷施或灌根，杀死蛀入基秆组织内幼虫；成虫孵化盛期每隔 10 天喷4.5％高效氯氰菊酯乳油 1 000 倍液，喷洒植株叶面及地表。植株周围土隙中的地上蓟马，根据发生情况和发生量，采用 40％菊·马乳油 800 倍液或 37.5％氯·马乳油 1 000 倍液进行喷杀，每5～7 天 1 次。

第二十四讲　韭菜病虫害适期防治技术

韭菜也是一种生长期较长的蔬菜，且地下虫害较重，也很顽固，目前，生产中也易出现农药残留超标现象，也应放在突出位置加以解决。

一、韭菜主要病虫害

1. 韭菜真菌性病害　韭菜茎枯病、韭菜锈病、韭菜黑斑病、韭菜灰霉病、韭菜疫病、韭菜白绢病、韭菜菌核病。

2. 韭菜细菌性病害　韭菜软腐病。

3. 韭菜病毒性病害　韭菜病毒病。

4. 韭菜生理性病害　韭菜低温冷害、韭菜黄叶和干尖。

5. 韭菜虫害　危害韭菜的主要害虫有韭菜蛾和韭菜迟眼蕈蚊（韭蛆俗称黑头蛆）等。

二、韭菜病虫害防治

1. 韭菜生理性病害防治

（1）冷害　韭菜虽属耐寒蔬菜，遇过低温度时，也会遭受冷害。当温度在－4℃至－2℃时，叶尖先变白而后枯黄，整个叶片垂萎，温度在－7℃至－6℃时，全部叶片变黄枯死。保护地韭菜在－2℃至0℃时即可受冷害。韭菜低温冷害多发生于保护地栽培，防治措施：

①提高棚室温度，保持15～20℃，防止冷空气侵袭。

②控制浇水量，保持土壤湿润。

③施足腐熟的有机肥，促进健壮生长，并提高地温，防止冷害。

④喷施植物防冻剂或营养剂，增加韭菜的耐寒能力。

（2）韭菜黄叶和干尖　主要有以下几种原因：

①长期大量施用粪肥或生理酸性肥料，导致土壤酸化而致韭菜叶片生长缓慢、细弱或外叶枯黄。

②由于保护地盖膜前大量施入氮肥，加上土壤酸化严重，往往造成氨气积累和亚硝酸积累，分别导致先叶尖枯萎，后叶尖逐渐变褐变白枯死。

③当棚温高于35℃持续时间较长时，也能导致叶尖变黄变白。

④连阴天骤晴或高温后冷空气侵入，则叶尖枯黄。

⑤硼素过剩可使叶尖干枯；锰过剩可致嫩叶轻微黄化，外部叶片黄化枯死；缺硼引起中心叶黄化发烂，生理受阻；缺钙时心叶黄化根发黑，部分叶尖枯死；缺镁引起外部叶黄化枯死；缺锌中心叶变黄黄化发绉。

⑥土壤中水分不足常引起干尖。

其防治措施：

①选用抗逆性强、吸肥力强品种，增施腐熟的有机肥，采用配方施肥技术，叶面喷施光合液肥、复合微肥等营养剂。

②加强棚室管理，遇高温要及时放风、浇水，防止烧叶发生，遇低温则采取保护措施，防止寒流扑苗。

2. 韭菜病害防治

（1）韭菜真菌性病害防治　以韭菜灰霉病为主，特别是保护地生产更为普遍。防治措施为：

①要控温、降湿、适时通风，掌握相对湿度在75％以下。

②注意清除病残体。韭菜收割后，及时清除病残体，将病叶、病株深埋或烧毁。

③应用药剂防治。喷雾：在韭菜每次收割后，及时选用80亿单位地衣芽孢杆菌兑水500倍液均喷地面。发病初期可选用3％多抗霉素可湿性粉剂或50％异菌脲可湿性粉剂或50％腐霉利可湿性

粉剂 800 倍液喷施，重点喷施叶片及周围土壤。烟雾：棚室可用 10％腐霉利烟剂或 10％百菌清烟剂，每亩 250 克分放 6～8 个点，用暗火点燃，熏蒸 3～4 小时。粉尘：于傍晚喷散 10％敌托或 5％百菌清粉尘剂，每亩每次 1 千克，9～10 天 1 次。

（2）韭菜细菌性病害防治　主要以韭菜软腐病为主。有软腐病发生时，用 25％络氨铜水剂（酸性有机铜）800 倍液喷施，或用 80 亿单位地衣芽孢杆菌水剂 800 倍液、3％多抗霉素水剂 1000 倍液喷施。

（3）韭菜病毒性病害防治　有病毒病发生时，在初发期喷施 5％辛菌胺水剂 400 倍液，或 0.5％菇类蛋白多糖水剂 300 倍液、20％吗胍·乙酸铜可湿性粉剂 500 倍液，连喷 3～4 次，均匀为度。

3. 韭菜虫害防治

（1）韭蛆防治

①农业措施。进行冬灌或春灌菜地可消灭部分幼虫，加入适量农药喷施或灌根，效果更佳。铲出韭根周围表土，晒土并晒根，降低韭根及周围湿度，经 5～6 天可干死幼虫。

②药剂防治。在成虫羽化盛期，用 30％菊·马乳油 2 000 倍液或 2.5％溴氰菊酯乳油 2 000 倍液喷雾，以上午 9～10 时施药为佳。在幼虫危害盛期，如发现叶尖变黄变软并逐渐向地面倒伏时，用 20％氯·马乳油 1 500 倍液或 50％辛硫磷乳油 500 倍液进行灌根防治。

（2）韭菜蛾防治　用 0.5％阿维菌素乳油 800～1 000 倍液均匀喷施，或用 1％甲维盐乳油 1 000～1 500 倍液、20％氰戊菊酯乳油 2 000 倍液、2.5％溴氰菊酯乳油 2 000 倍液、2.5％高效氯氰菊酯乳油 2 000 倍液、20％甲氰菊酯乳油 2 000 倍液喷施。

第二十五讲 葱头病虫害适期 防治技术

葱头（又叫圆葱）病虫害与大葱病虫害种类相似，其防治措施参照大葱。这里只把葱头生理性病害防治简述如下：

一、葱头主要生理性病害

1. 氮缺乏与过剩 氮素不足，生长受到抑制，先从老叶开始黄化，严重时枯死，但根系活力正常。鳞茎膨大不良，造成鳞茎小而瘦，不能充分发挥其丰产潜力。氮素吸收过剩，叶色深绿，发育进程迟缓，叶部贪青晚熟，且极易染病。氮素过多则导致钙的吸收受阻，容易发生心腐和肌腐。

2. 磷缺乏与过剩 磷素缺乏，导致株高降低，叶片减少，根系发育受阻，植株生长不良。磷素吸收过剩，则鳞茎外部鳞片会发生缺锌，内部鳞片发生缺钾，鳞茎盘会表现缺镁，则易发生肌腐、心腐和根腐。

3. 钾缺乏 苗期缺钾，不表现出明显症状，但对鳞茎膨大会有影响，鳞茎肥大期缺钾，则已感染霜霉病，且降低葱头耐贮性。缺钾中后期，往往在老叶的叶脉间发生白色到褐色的枯死斑点，似霜霉病斑。

4. 钙缺乏与过剩症 钙吸收不足，则根部和生长点发育会受到影响，组织内部碳水化合物降低，新叶顶或中间产生较宽的不规则形黑斑或白枯斑，球茎发生心腐和肌腐发黑。若钙吸收过量则会导致对其他微量元素的吸收减少，而引起其他元素缺乏。

5. 硼缺乏与过剩　缺硼则叶片扭曲，生长不良，畸形，失绿，嫩叶发生黄色和绿色镶嵌，质地变脆，叶鞘部发生梯形裂纹。鳞茎疏松，严重时发生心腐，根尖生育受阻，影响对其他元素的正常吸收，硼过剩则自叶尖开始变白、枯尖。

6. 缺铁、缺镁症　缺铁则新叶叶脉间发黄，严重时则整个叶片变黄。缺镁则嫩叶尖端变黄，继而向基部扩展，以至枯死，中间叶叶脉间淡绿至黄色。

二、葱头生理性病害防治

（1）增施腐肥有机肥。

（2）采用全面配方施肥，满足葱头对各种元素的需求。

①氮缺乏与过剩。5％原生汁冲施肥每亩用 1 千克加尿素 10 千克冲施或加尿素 15 千克拌匀后撒施，并叶喷高能钙胶囊。

②磷缺乏与过剩。用高能钾、高能钙、高能镁胶囊各 1 粒兑水 15 千克叶面喷施。

③钾缺乏。用 80 亿单位地衣芽孢杆菌水剂 800 倍液加高能钾胶囊 1 粒，喷匀为度。

（3）不能偏施重施某种大量或微量肥料，采用综合配施，平衡土壤养分。

（4）及时对症喷施微量元素肥料，如高能钙、高能钾、高能镁、高能铁、高能硼等。

第二十六讲　山药病虫害适期防治技术

山药是食用的佳蔬，又是常用的药材，是被人们公认的无公害蔬菜。栽培过程中，常见的病害及防治技术如下：

一、山药红斑病防治

1. 农业防治　与小麦、玉米、甘薯、马铃薯、棉花、烟草、辣椒、胡萝卜、西瓜等不易被侵染的作物实行3年以上的轮作。同时，选无病田繁殖栽子，并配合轮作和施用无害肥料等综合措施。

2. 化学防治　用0.1%～0.3%TMK浸带病栽子24小时，防病效果达95%以上；在重茬种植的情况下，播前每亩沟施TMK颗粒剂2千克，防治效果达到75%以上。

二、山药炭疽病防治

1. 农业防治　发病地块实行2年以上的轮作；收获后将留在田间的病残体集中烧毁，并深翻土壤，减少越冬菌源；采用高支架管理，改善田间小气候；加强田间管理，适时中耕除草，松土排渍；合理密植，改善通风透光，降低田间湿度；合理施肥，以腐熟的有机肥为主，适当增施磷钾肥，少施氮肥，培育壮苗，增强植株抗病性，氮肥过多会造成植株柔嫩而易感病。

2. 栽子消毒　选用无病栽子，播种前用50%多菌灵可湿性粉剂500～600倍液浸种或把山药栽子蘸生石灰。

3. 化学防治　出苗后，喷洒1∶1∶50的波尔多液预防，每10

天 1 次连喷 2～3 次。发病后用 58％甲霜灵·锰锌可湿性粉剂 500
倍液，或 25％瑞毒霉·锰锌可湿性粉剂 800～1 000 倍液、80％炭
疽福美可湿性粉剂 800 倍液、70％甲基硫菌灵可湿性粉剂 1 500 倍
液、50％异菌脲可湿性粉剂 1 000～1 500 倍液、77％氢氧化铜可湿
性粉剂 500～600 倍液，或用翠贝杀菌剂（具有预防、治疗和铲除
作用）每 7 天喷 1 次，连喷 2～3 次，喷后遇雨及时补喷。

三、山药褐斑病防治

山药褐斑病又称灰斑病或褐斑落叶病，其防治措施如下：

1. 农业防治　秋收后及时清洁田园，把病残体集中深埋或
烧毁。

2. 化学防治　雨季到来时，喷洒 75％百菌清可湿性粉剂 600
倍液或 50％多菌灵可湿性粉剂 600 倍液。

四、山药叶斑病防治

1. 农业防治　合理密植，适当加大行距，改善田间的通风透
光条件；保护地栽培要采用高畦定植，地膜覆盖，适时通风降温排
湿，防止田间湿度过大；多施腐熟的有机肥，增施磷、钾肥，提高
植株的抗病性；保持田间清洁，发病初期及时摘除病叶，拉秧时，
彻底清除病残体，集中烧毁，减少病源。

2. 化学防治　突出"早"字，发病初期可用 1∶1∶200 波尔
多液，或 50％的多菌灵可湿性粉剂 500 倍液、或 50％的甲基硫菌
灵可湿性粉剂 500 倍液、或 75％百菌清可湿性粉剂 600 倍液、或
58％的甲霜灵·锰锌可湿性粉剂 600 倍液交替喷雾，每隔 5～6 天
喷 1 次，连喷 3 次。

五、山药枯萎病防治

山药枯萎病俗称死藤，其防治措施如下：

1. 农业防治　选择无病的山药栽子作种，必要时在栽种前用
70％代森锰锌可湿性粉剂 1 000 倍液浸泡山药嘴子 10～20 毫米后

下种；入窖前在山药嘴子的切口处涂 1∶50 石灰浆预防腐烂；施用酵素菌沤制的堆肥。

2. 化学防治　6 月中旬，用 70％代森锰锌可湿性粉剂 600 倍液或 50％氯溴异氰尿酸水溶性粉剂 1 000 倍液喷淋茎基部，隔 10 天喷 1 次，连续防治 5～6 次。

六、山药根茎腐病防治

1. 农业防治　收获时，彻底收集病残物及早烧毁；实行轮作，避免连作。

2. 化学防治　发病初期，用 75％百菌清可湿性粉剂 600 倍液、53.8％氢氧化铜干悬浮剂 1 000 倍液或 50％福美双粉剂 500～600 倍液喷雾防治。隔 7～20 天喷 1 次，连续防治 2～3 次。

七、山药褐腐病防治

山药褐腐病又称腐败病，其防治措施如下：

1. 农业防治　收获时彻底清除病残物，集中烧毁，并深翻晒土和薄膜密封，进行土壤高温消毒，或实行轮作，可减轻病害发生；选用无病栽子作种，必要时把栽子切面阴干 20～25 天。

2. 化学防治　发病初期喷洒 75％百菌清可湿性粉剂 1 000 倍液，隔 10 天喷 1 次，连续防治 2～3 次。

八、山药黑斑病防治

防治方法：选用抗病品种和无病栽，建立无病繁殖田；与禾本科作物实行 3 年以上的轮作；及时清除田间病残株；播种前，栽子在阳光下晾晒后，用 1∶1∶150 波尔多液浸种 10 分钟消毒；结合整地或挖土回填，在离地表 20～30 厘米处，每亩用 50％辛硫磷乳油 500 克进行土壤消毒。

九、山药斑枯病防治

防治方法：发病后用 58％甲霜灵·锰锌可湿性粉剂 500 倍液

或 25％瑞毒霉·锰锌可湿性粉剂 800～1 000 倍液进行喷雾防治，或用 80％炭疽福美可湿性粉剂 800 倍液、70％甲基硫菌灵可湿性粉剂 1 500 倍液、50％异菌脲可湿性粉剂 1 000～1 500 倍液、77％氢氧化铜微粒剂 500～600 倍液，7 天 1 次，连喷 2～3 次，喷后遇雨及时补喷。

十、山药斑纹病防治

山药斑纹病又称柱盘褐斑病、白涩病，其防治措施如下：

1. 农业防治　实行轮作，避免连作；收获后及时清除病残体，集中深埋或烧毁，减少初次侵染；提倡施用酵素菌沤制的堆肥。

2. 化学防治　从 6 月初开始喷洒 53.8％氢氧化铜干悬浮剂 1 000倍液，50％福美双粉剂 500～600 倍液，或 1：1：（200～300）倍的波尔多液，隔 7～10 天喷 1 次，连续防治 2～3 次。

十一、山药根结线虫病防治

近年来，随着山药栽培面积的扩大，山药根结线虫病的发生蔓延逐渐加重，轻者减产 20％～30％，重者减产 70％以上，并且商品品质明显下降。防治措施如下：

1. 植物检疫　在调运山药种时，要严格进行检疫，农户间在借用或购买山药种时应引起重视，不从病区引种，不用带病的山药种，选择健壮无病的山药作为繁殖材料，杜绝人为传播。

2. 农业防治

（1）合理轮作　有水源的地方实行水旱轮作，改种水稻 3～4 年后再种蔬菜。或与玉米、棉花进行轮作，能显著地减少土壤中线虫量，是一项简便易行的防治措施。

（2）诱杀防治，降低虫口密度　种植一些易感根结线虫的绿叶速生蔬菜，如小白菜、香菜、生菜、菠菜等，生长期 1 个月左右即可收获，此时根部布满根结，但对产量影响不大。收获时连根拔起，地上部可食用，将根部带出田外集中销毁，可减少土壤内的线虫量，是一种可行的防治方法。

（3）消除病残体，增施有机肥　将病残体植株带出田外，集中晒干、烧毁或深埋，并铲除田中的杂草如苋菜等，以减少下茬线虫数量。施用充分腐熟的有机肥作底肥，保证山药生长过程中良好的水肥供应，使其生长健壮。

3. 种子处理　对作为留种用的山药栽子或山药段，伤口处（即截面）要立即用石灰粉沾一下，从而起到消毒灭菌的作用。接着将预留的山药种在太阳光下晾晒，每天翻动2～3次，以促进伤口愈合，形成愈伤组织，增强种子的抗病性和发芽势。

4. 化学防治　在山药下种之前，每亩用10％克线磷颗粒剂1.5千克掺细土30千克撒施于种植沟内，用抓钩搂一下，深度10厘米左右，与土壤掺匀，然后进行开沟、下种。

5. 生物防治　用生物农药甲氨基阿维菌素苯甲酸盐（甲维盐）乳油防治根结线虫病。其用法是：定植前每亩用1.8％甲维盐乳油450～500毫升拌20～25千克细沙土，均匀撒施地表，然后深耕10厘米，防治可达90％以上，持效期60天左右，或用阿维菌素防治。

第二十七讲　当前农作物病虫害防治中存在的主要问题与对策

一、当前农作物病虫害防治中存在的主要问题

1. 病虫草害发生危害不断加重　因生产水平的提高、作物种植结构调整、耕作制度的变化、品种抗性的差异、气候条件异常等综合因素影响，病虫草害发生危害越来越重，病虫草害发生总体趋势表现为发生种类增多、频率加快、区域扩大、时间延长、程度趋重；同时新的病虫草害不断侵入和一些次要病虫草害逐渐演变为主要病虫草害，增加了防治难度和防治成本。比如：随着日光温室蔬菜面积的不断扩大，连年重茬种植，辣椒根腐病、蔬菜根结线虫病、斑潜蝇、白粉虱等次要病虫害上升为主要病虫害，而且周年发生，给防治带来了困难。

2. 病虫草害综防意识不强　目前，大部分地区小户经营，生产规模较小，在农作物病虫草害防治上存在"应急防治为重、化学防治为主"的问题，不能充分从整个生态系统去考虑，而是单一进行某虫、某病的防治，不能统筹考虑各种病虫草害防治及栽培管理的作用，防治方法也主要依赖化学防治，农业、物理、生物、生态等综合防治措施还没有被农民完全采纳，甚至有的农民对先进的防治技术更是一无所知。即使在化学防治过程中，也存在药剂选择不当、用药剂量不准、用药不及时、用药方法不正确、见病见虫就用药、甚至有人认为用药浓度越大越好等问题。造成了费工、费药、污染重、有害生物抗药性强、对作物危害严重的后果。

3. 忽视病虫草害的预防工作，重治轻防 生产中常常忽略栽培措施及经常性管理中的防治措施，如合理密植、配方施肥、合理灌溉、清洁田园等常规性防治措施，而是在病虫大发生时才去进行防治，往往造成事倍功半的效果，且大量用药会使病虫产生抗药性。同时，也造成了环境污染。

4. 重视化学防治，忽视其他防治措施 当前的病虫草害防治，以化学农药控制病虫及挽回经济损失能力最大而广受群众称赞，但长期依靠某一有效农药防治某些病虫或草，只简单地重复用药，会使病虫产生抗性，防治效果也会降低。这样，一个优秀的杀虫剂或杀菌剂或除草剂，投入到生产中，不到几年效果就锐减。故此，化学防治必须结合其他防治进行，化学防治应在其他防治措施的基础上，作为第二性的防治措施。

5. 乱用农药和施用剧毒农药 一方面，在病虫防治上盲目加大用药量，一些农户为快速控制病虫发生，将用药量扩大 1～2 倍，甚至更大，这样造成了农药在产品上的大量积累，也促进了病虫抗性的产生。另一方面，当病虫害发生时，乱用乱配农药，有时错过了病虫防治适期，造成了不应有的损失，更有违反农药安全施用规定，大剂量将一些剧毒农药在大葱、花生等作物上施用，既污染蔬菜和环境，又极易造成人畜中毒，更不符合无公害蔬菜生产要求。

6. 忽视了次要病虫害的防治 长期单一用药，虽控制了某一病虫草害的发生，同时使一些次要病虫草害上升为主要病虫草害，如目前一些地方在大葱上发生的灯蛾类幼虫、甜菜夜蛾、甘蓝夜蛾、棉铃虫等虫害及大葱疫病、灰霉病、黑斑病等病害均使部分地块造成巨大损失。又如目前联合机收后有大量的麦秸麦糠留在田间，种植夏玉米后，容易造成玉米苗期二点委夜蛾大发生，对玉米危害较大。

7. 农药市场不规范 农药是控制农作物重大病虫草危害，保障农业丰收的重要生产资料，农药又是一种有毒物质，如果管理不严、使用不当，就可能对农作物产生药害，甚至污染环境，危害人畜健康和生命安全。目前，农药经营市场主要存在以下问题：

（1）无证经营农药 个别农药经营户法制意识淡薄，对农药执法认识不足，办证意识不强，经营规模较小，采取无证"游击"经营。尤其近几年不少外地经营者打着"农业科学院、农业大学、高科技、农药经营厂家"的幌子直接向农药经营门市推销农药或把农药送到田间地头。

（2）农药产品质量不容乐观 农药产品普遍存在"一药多名、老药新名"及假、冒、伪、劣、过期农药、标签不规范农药的问题，甚至有些农药经营户乱混乱配、误导用药，导致防治效果不佳，直接损害农民的经济利益。

（3）使用禁用或限用农药 销售和使用国家禁用和限用农药品种的现象还时有发生。

8. 施药防治技术落后

（1）农药经营人员素质偏低 对农药使用、病虫害发生不清楚，不能从病虫害发生的每一关键环节入手指导防治问题，习惯于头痛治头、脚痛医脚的简单方法防治，致使防治质量不高，防治效果不理想。

（2）农民的施药器械落后 农民为了省钱，在生产中大多使用落后的施药器械，其结构型号、技术性能、制造工艺都很落后，"跑、冒、滴、漏"严重，导致雾滴大，雾化质量差，很难达到理想的防治效果。

二、农作物病虫害综合防治的基本原则

农作物病虫害防治的出路在于综合防治，防治的指导思想核心应是压缩病虫害所造成的经济损失，并不是完全消灭病虫害源，所以，采取的措施应对生产、社会和环境乃至整个生态系统都是有益的。

1. 坚持病虫害防治与栽培管理有机结合的原则 作物的种植是为了追求高产、优质、低成本，从而达到高效益。首先应考虑选用高产优质品种和优良的耕作制度栽培管理措施来实现；再结合具体实际的病虫害综合防治措施，摆正高产优质、低成本与病虫害防

治的关系。若病虫草害严重影响作物优质高产，则栽培措施要服从病虫害防治措施。同样，病虫害防治的目的也是优质高产，只有二者有机结合，即把病虫害防治措施寓于优质高产栽培措施之中，病虫草防治要照顾优质高产，才能使优质高产下的栽培措施得到积极的执行。

2. 坚持各种措施协调进行和综合应用的原则　利用生产中各项高产栽培管理措施来控制病虫害的发生，是最基本的防治措施，也是最经济最有效的防治措施，如轮作、配方施肥、肥水管理、田间清洁等。合理选用抗病品种是病虫害防治的关键，在优质高产的基础上，选用优良品种，并配以合理的栽培措施，就能控制或减轻某种病虫害的危害。生物防治即直接或间接地利用了生物物种间的相互关系，以一种或一类生物抑制另一种或另一类生物，是病虫草害防治的中心。在具体实践中，要协调好化学用药与有益生物间的矛盾，保护有效生物在生态系统中的平衡作用，以便在尽量少地杀伤有益生物的情况下控制病虫草害，并提供良好的有益生物环境，以控制害虫和保护侵染点，抑制病菌侵入。在病虫草害防治中，化学防治只是一种补救措施，即运用了其他防治方法之后，病虫害的危害程度仍在防治水平标准以上，利用其他措施也功效甚微时，就应及时采用化学药剂控制病虫害的流行，以发挥化学药剂的高效、快速、简便又可大面积使用的特点，特别是在病虫害即将大流行时，也只有化学药剂才能担当起控制病虫害的重任。

3. 坚持预防为主，综合防治的原则　要把预防病虫害的发生措施放在综合防治的首位，控制病虫害在发生之前或发生初期，而不是待病虫害发生之后才去防治。必须把预防工作放在首位，否则，病虫害防治就处于被动地位。

4. 坚持综合效益第一的原则　病虫害的防治目的是保质、保产，而不是绝灭病虫生物，实际上也无法灭绝。故此，需化学防治的一定要进行防治，一定要从经济效益即防治后能否提高产量增加收入，是否危及生态环境、人畜安全等综合效益出发，进行综合防治。

5. 坚持病虫害系统防治原则 病虫害存在于田间生态系统内，有一定的组成条件和因素。在防治上就应通过某一种病虫或某几种病虫的发生发展进行系统性的防治，而不是孤立地考虑某一阶段或某一两种病虫去进行防治。其防治措施也要贯穿到整个田间生产管理的全过程，决不能在病虫害发生后才考虑进行病虫害的防治。

三、病虫害防治工作中需要采取的对策

1. 抓好重大病虫害的监测，提高预警水平 要以农业部建设有害生物预警与控制区域站项目为契机，配备先进仪器设备，提高监测水平，增强对主要病虫害的预警能力，确保预报准确。并加强与广电、通信等部门的联系与合作，开展电视、信息网络预报工作，使病虫害预报工作逐步可视化、网络化，提高病虫害发生信息的传递速度和病虫害测报的覆盖面，以增强病虫害的有效控制能力。

2. 提高病虫害综合防治能力

（1）要增强国家公益性植保技术服务手段 以科技直通车、农技 110、12316 等技术服务热线电话、科技特派员、电视技术讲座等形式加强对农民技术指导和服务。

（2）建立和完善县、乡、村和各种社会力量 如龙头企业、中介组织等，参与的植保技术服务网络，扩大对农民的服务范围。

（3）加快病虫害综合防治技术的推广和普及 提高农民对农作物病虫害防治能力，确保防治效果。

3. 加强技术培训，提高农技人员和农民的科技素质

（1）加强农业技术人员的培训 以提高他们的病虫综合防治的技术指导能力。

（2）加强高素质农民的培训 以办培训班、现场会、田间学校及高素质农民培训工程项目的实施这个平台等多种形式广泛开展技术培训，指导农民科学防治，提高他们的病虫害综合防治素质，并指导农民按照《农药安全使用规定》和《农药合理使用准则》等有关规定合理使用农药，从根本上改变农民传统的施药理念，全面提高农民的施药水平。

（3）要特别加强对植保服务组织的培训　使先进的防治技术能及时应用到生产中，以较低的成本，发挥最大的效益。

4. 加强农药市场管理，确保农民用上放心药

（1）加强岗前培训，规范经营行为　为了切实规范农药经营市场，凡从事农药经营的单位必须经农药管理部门进行经营资格审查，对审查合格的要进行岗前培训，经培训合格后方能持证上岗经营农药。通过岗前培训，学习农药法律、法规，普及农药、植保知识，大力推广新农药、新技术，对农作物病虫害进行正确诊断，对症开方卖药，以科学的方法指导农民进行用药防治。

（2）加大农药监管力度　农药市场假冒伪劣农药、国家禁用、限用农药屡禁不止的重要原因是没有堵死源头，因此，加强农药市场监督管理，严把农药流通的各个关口，确保广大农民用上放心药。

5. 大力推广无公害农产品生产技术　近几年，全国各地在无公害农产品的管理及技术推广取得了显著成效。在此基础上，要进一步加大无公害农产品生产技术的推广力度，重点推广农业防治、物理防治、生物防治、生态控制等综合措施，合理使用化学农药，提倡生物、植物源农药，确保创建无公害农产品生产基地示范县成果，保证向市场提供安全放心的农产品。

6. 加大病虫害综合防治技术的引进、试验、示范力度　按照引进、试验、示范、推广的原则，加大植保新技术、新药剂的引进、试验、示范力度，及时向广大农民提供看得见、摸得着的技术成果，使病虫综合防治新技术推广成为农民的自觉行动；同时，建立各种技术综合应用的试验示范基地，使其成为各种综合技术的组装车间，农民学习新技术的田间学校，优质、高产、高效、安全、生态农业的示范园区。

第二十八讲　农作物病虫害绿色防控技术

农作物病虫害绿色防控技术就是按照"绿色植保"理念，采用农业防治、物理防治、生物防治、生态调控以及科学、合理、安全使用农药的技术，达到有效控制农作物病虫害，确保农作物生产安全、农产品质量安全和农业生态环境安全。

控制有害生物发生危害的途径有以下3个：

①消灭或抑制其发生与蔓延。

②提高寄主植物的抵抗能力。

③控制或改造环境条件，使之有利于寄主植物而不利于有害生物。

一、绿色防控技术

具体防控技术如下：

1. 严格检疫　防止检疫性病害传入。

2. 种植抗病品种　选择适合当地生产的高产、抗病虫害、抗逆性强的优良品种，这是防病虫增产，提高经济效益的最有效方法。

3. 农业防治技术　采用农业措施，实施健身栽培技术。通过非化学药剂种子处理、培育壮苗、加强栽培管理、中耕除草、秋季深翻晒土、清洁田园、轮作倒茬、间作套种等一系列农业措施，创造不利于病虫发生发展的环境条件，从根本上控制病虫的发生和发展，起到防治病虫害的作用。具体措施：

（1）实行轮作倒茬。

（2）合理间作，如辣椒与玉米间作。

（3）保持田间清洁，及时清除田间病虫组织残体。

（4）适时播种。

（5）起垄栽培。

（6）合理密植。

（7）平衡施肥，增施腐熟好的有机肥，配合施用磷钾肥，控制氮肥的施用量。

（8）合理灌水。

（9）带药定植。

（10）嫁接防病。

（11）保护地栽培，合理放风，通风口设置细纱网。

（12）合理修剪，做好支架、吊蔓和整枝打杈。

（13）果树主干涂白，用水 10 份、生石灰 3 份、食盐 0.5 份、硫黄粉 0.5 份。

（14）地面覆草。

（15）采用翻耕土壤，撒施石灰氮、秸秆，覆膜进行土壤消毒，防控枯萎病、根腐病、根结线虫病。

4. 物理措施技术　应尽量利用灯光诱杀、色彩诱杀、性诱剂诱杀、机械捕捉害虫等物理措施。

（1）色板诱杀　黄板诱杀蚜虫和粉虱；蓝板诱杀蓟马。

（2）防虫网阻隔保护技术　在通风口设置或育苗床覆盖防虫网。

（3）果实套袋保护。

5. 生态防控技术　适时利用生态防控技术，在保护地栽培中及时调节棚室内温湿度、光照、空气等，创造有利于作物生长，不利于病虫害发生的条件。

（1）"五改一增加"　即改有滴膜为无滴膜；改棚内露地为地膜全覆盖种植；改平畦栽培为高垄栽培；改明水灌溉为膜下暗灌；改大棚中部通风为棚脊高处通风；增加棚前沿防水沟。

（2）冬季灌水，掌握"三不浇三浇三控"技术 即阴天不浇晴天浇；下午不浇上午浇；明水不浇暗水浇；苗期控制浇水；连续阴天控制浇水；低温控制浇水。

6. 充分利用微生物防控技术

（1）天敌释放与保护利用技术 保护利用瓢虫、食蚜蝇：控制蚜虫；捕食螨：控制叶螨，防效 75％以上；丽蚜小蜂：控制蚜虫、粉虱；花绒坚甲、啮小蜂：控制天牛；赤眼蜂：控制玉米螟，防效70％等。

（2）微生物制剂利用技术 尽可能选微生物农药制剂。微生物农药既能防病治虫，又不污染环境和毒害人畜，且对于天敌安全，对害虫不产生抗药性。如：枯草芽孢杆菌防治枯萎病、纹枯病；哈茨木霉菌防治白粉、霜霉、枯萎病等；寡雄腐霉防治白粉、灰霉、霜霉、疫病等；核多角体病毒防治夜蛾、菜青虫、棉铃虫等；苏云金杆菌防治棉铃虫、水稻螟虫、玉米螟等；绿僵菌防治金龟子、蝗虫等；白僵菌防治玉米螟等；淡紫拟青霉防治线虫等；厚垣轮枝菌防治线虫等。还有中等毒性以下的植物源杀虫剂、拒避剂和增效剂。特异性昆虫生长调节剂也是一种很好的选择，它的杀虫机理是抑制昆虫生长发育，使之不能脱皮繁殖，对人畜毒性度极低。以上这几类化学农药，对病虫害均有很好的防治效果。

7. 抗生素利用技术 如宁南霉素防治病毒病；申嗪霉素防治枯萎病；多抗霉素防治枯萎病、白粉病、稻纹枯、灰霉病、斑点落叶病；甲氨基阿维菌素苯甲酸盐防治叶螨、线虫；链霉素防治细菌病害；宁南霉素、嘧肽霉素防治病毒病；春雷霉素防治稻瘟病；井冈霉素防治水稻纹枯病。

8. 植物源农药、生物农药应用技术 印楝素防治线虫；辛菌胺防治稻瘟病、病毒病、棉花枯萎病，拌种喷施均可，安全高效；地衣芽孢杆菌拌种包衣防治小麦全蚀病、玉米粗缩病、水稻黑条矮缩病等，安全持效；香菇多糖防治烟草、番茄、辣椒病毒病，安全高效。

9. 植物免疫诱抗技术 如寡聚糖、超敏蛋白等诱抗剂。

10. 化学农药防治技术 在其他措施无法控制病虫害发生发展的时候，就要考虑使用有效的化学农药来防治病虫害。使用时要遵循以下原则：

（1）科学使用化学农药 选择无公害蔬菜生产允许限量使用的、高效、低毒、低残留的化学农药。

（2）对症下药 在充分了解农药性能和使用方法的基础上，确定并掌握最佳防治时期，做到适时用药。同时要注意不同物种类、品种和生育阶段的耐药性差异，应根据农药毒性及病虫草害的发生情况，结合气候、苗情，选择农药的种类和剂型，严格掌握用药量和配制浓度，只要把病虫害控制在经济损害水平以下即可，防止出现药害或伤害天敌。提倡不同类型、种类的农药合理交替和轮换使用，可提高药剂利用率，减少用药次数，防止病虫产生抗药性，从而降低用药量，减轻环境污染。

（3）合理混配药剂 采用混合用药方法，能达到一次施药控制多种病虫危害的目的，但农药混配时要以保持原药有效成分或有增效作用，不产生剧毒并具有良好的物理性状为前提。

二、主要病害防治常用高效低毒药剂

1. 锈病、白粉病 烯唑醇、戊唑醇、丙环唑 、腈菌唑。

2. 黑粉病 用多抗霉素 B 或地衣芽孢杆菌拌种或包衣兼治根腐、茎基腐。

3. 小麦赤霉病 扬花期喷咪鲜胺、酸式络氨铜、氰烯菌酯、多菌灵。

4. 小麦全蚀病 全蚀净、地衣芽孢杆菌、适乐时、立克锈。

5. 小麦纹枯病 烯唑醇、腈菌唑、氯啶菌酯、丙环唑。

6. 稻瘟病 辛菌胺醋酸盐、井冈·多菌灵、三环唑、枯草芽孢杆菌。水稻属喜硼喜锌作物，全国 90% 的土地都缺锌缺硼。以上药物加上高能锌、高能硼，既增强免疫力，又增产改善品质。

7. 水稻纹枯病 络氨铜、噻呋酰胺、己唑醇。

8. 稻曲病 井·蜡质芽孢杆菌、氟环唑、酸式络氨铜。

9. 甘薯、马铃薯、麻山药、铁棍山药、白术等黑斑、糊头黑烂、疫病　用辛菌胺水剂或吗胍·硫酸铜加高能钙。既治病治本，又增产提高品质。

10. 苗期病害及根部病害　嘧菌酯、恶霉·甲霜灵、烂根死苗用嘧啶核苷类抗生素水剂或吗胍·硫酸铜加高能锌。既治病治本，又增产提高品质。

11. 炭疽病、褐斑黄斑病　咪鲜胺、腈苯唑、苯甲·醚菌酯、辛菌胺、络氨铜。以上药物加上高能锰高能钼，既能打通维管束，又能高产治病治本，提高品质。

12. 灰霉病、叶霉病　嘧霉胺、嘧菌环胺、烟酰胺、啶菌恶唑、啶酰菌胺、多抗霉素、农用链霉素、百菌清。

13. 叶斑病、白绢病、白疫病　辛菌胺醋酸盐、络氨铜、苯醚甲环唑、嘧菌·百菌清、喷克、烯酰吗啉、肟菌酯。以上药物加上高能铜、高能锌，因以上病多伴随缺铜离子锌离子。能提质增产又治病治本。

14. 枯黄萎病、萎枯病、蔓枯病　咪鲜胺、地衣芽孢杆菌、多·霉威、多菌灵、适乐时、辛菌胺醋酸盐。以上药物加上高能钾、高能钼，既能打通维管束，又能增产及彻底治疗和预防该病，且改善品质，因以上病多伴随缺钾缺钼现象。

15. 菌核病　啶酰菌胺、氯啶菌酯、咪鲜胺、菌核净、络氨铜、硫酸链霉素。

16. 霜霉病、疫霉病　烯酰吗啉、氟菌·霜霉威、吡唑醚菌酯、氰霜唑、烯酰·吡唑酯、多抗霉素 B、碳酸氢钠水溶液。

17. 广谱病毒病、水稻黑条矮缩病毒病、玉米粗缩病毒病、瓜菜银叶病毒病　吗胍·硫酸铜、香菇多糖、菇类多糖·钼、辛菌胺。

18. 果树腐烂病　酸式络氨铜、多抗霉素、抑霉唑、甲硫·萘乙酸、辛菌胺。凡细菌性病害大多易腐烂，水渍，软腐，易造成缺硼缺钙症，以上药物加上钙和硼，既能彻底治病又能增产。

19. 苹果烂果病　多抗霉素 B 加高能钙、酸式络氨铜加高能硼。

20. 果树根腐病 噻呋酰胺、吗胍·硫酸铜、井冈·多菌灵。以上药物加上高能钼，既能打通维管束，又能高产及彻底治疗和预防根腐、秆枯、枝枯。

21. 草莓根腐病 地衣芽孢杆菌、辛菌胺、苯醚甲环唑。以上药物加上高能钼，既能打通维管束，又能高产及彻底治疗和预防根腐、蔓枯、茎枯。

22. 细菌性病害 辛菌胺、喹啉铜、噻菌铜、氢氧化铜、氧化亚铜（靠山）、链霉素、新植霉素、中生菌素、春雷霉素。凡细菌病害大多易腐烂，水渍，软腐，易造成缺硼缺钙症，以上药物加上钙和硼，既能彻底治病又能增产。

23. 线虫病害 甲基碘（碘甲烷）、氧硫化碳、硫酰氟（土壤熏蒸）、噻唑膦、甲氨基阿维菌素苯甲酸盐、敌百虫、吡虫·辛硫磷、辛硫磷微胶囊 、三唑磷微胶囊剂、苦皮藤乳油、印楝素乳油、苦参碱。以上药物加上高能铜，铜离子对微生物类害虫有抑制着床作用，且能补充微量铜元素有增产效果。

24. 病毒性病害 嘧肽霉素 、宁南霉素、三氮唑核苷、葡聚烯糖 、菇类蛋白多糖、吗胍·硫酸铜、吗啉胍·乙酸铜、氨基寡糖素。以上药物加上高能锌，既治病快又能高产，因为作物缺乏锌元素也易得病毒病。

图书在版编目（CIP）数据

农作物病虫害绿色防治技术／游彩霞等编著．—北京：中国农业出版社，2020.4（2022.8 重印）
ISBN 978-7-109-26668-1

Ⅰ．①农… Ⅱ．①游… Ⅲ．①作物－病虫害防治－无污染技术 Ⅳ．①S435

中国版本图书馆 CIP 数据核字（2020）第 040557 号

中国农业出版社出版
地址：北京市朝阳区麦子店街 18 号楼
邮编：100125
责任编辑：郭银巧 张 利
版式设计：王 晨 责任校对：沙凯霖
印刷：中农印务有限公司
版次：2020 年 4 月第 1 版
印次：2022 年 8 月北京第 6 次印刷
发行：新华书店北京发行所
开本：880mm×1230mm 1/32
印张：6
字数：155 千字
定价：29.80 元